目　录

小都会与大文章 / 1

黄河百害　唯富一"套" / 12

崛起于河山之间 / 19

满地是银子 / 25

黄河船夫曲 / 38

吕梁山里的驼铃 / 46

精明而诚信的经营者 / 55

自己管理自己 / 63

长街小巷 / 73

货栈、骆驼店与商铺 / 80

世俗化的庙宇 / 87

后记 / 98

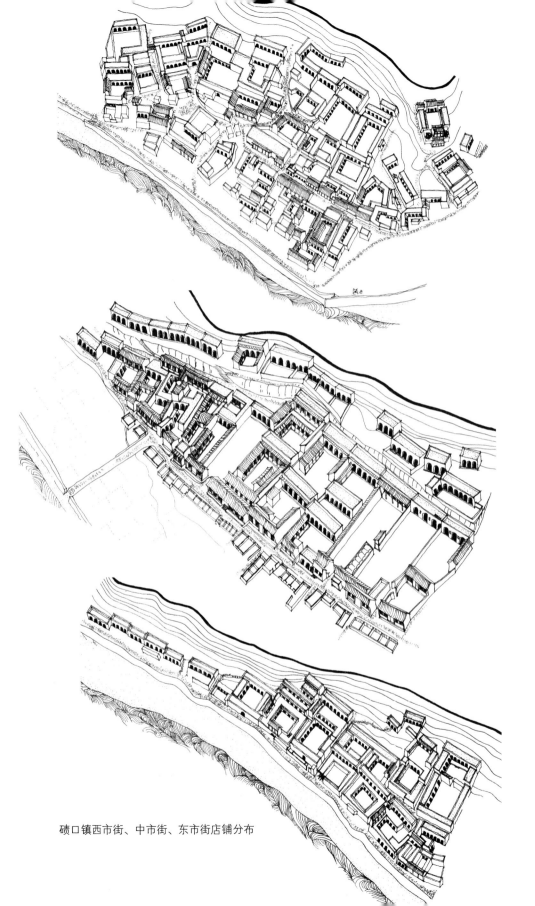

碛口镇西市街、中市街、东市街店铺分布

小都会与大文章

　　"物阜民熙小都会；河声岳色大文章"，这是碛口镇背后黑龙庙山门檐柱上的一副对联，写于道光癸卯仲春。道光癸卯是1843年，中英《南京条约》签订的第二年。这一年，上海和宁波相继开港，中国的历史走上了近代史的新阶段。在这之前，一个远离海疆几千里路的偏僻落后的地区里，在农牧业经济的基础上，一百多年皮筏子的漂流和骆驼队的跋涉已经造就了一个物资丰富、商民云集的小都会。

　　碛口镇在山西省西部的临县，黑龙庙在卧虎山尽端的陡坡上。站在山门前放眼眺望，右手边是浩浩荡荡万里奔腾而来的黄河，左手是出自吕梁山支脉的湫水。湫水在碛口镇南面被屏风一样壁立三百米的秃鹜山一挡，扭头向西北，扑进了黄河。碛口镇就在这两条河相汇的口子上，卧虎山从后面撞上了它的腰，把它撞成了个牛轭形，西北一半贴在黄河岸边，东南一半贴在湫水岸边。从这头到那头，足足有三里长。镇上人把黄河叫"老河"，把湫水叫"小河"，亲切的称呼道出了两条河对镇子的血肉关系。

　　黄河岸边的西市街，有几座码头，繁华时期，每年仅仅从内蒙古河套的磴口出发来碛口的船便有四千艘，再加上五原、包头、托克托、府谷、保德的木船和皮筏子，每天都有几十艘船和筏子从上游下来，这里总停泊着近百艘。码头上和船筏上，几百个苦力，被叫作"闹包子的"，

碛口镇东市街

忙忙碌碌，把水上运来的各种货物卸到驳船，泊岸，再踏过跳板，用并不强壮的脊背把它们扛到卧虎山脚下西市街上的几十家货栈里去。杭育杭育的号子声响成一片，在山和水之间回荡。货栈很大，光是那空阔的院子便有四五百平方米，黄河岸边的台地很狭窄，货栈便爬上山坡，一叠一叠的窑洞，越爬越高，多的竟有五层。圆弧形的窑洞把陡峭的崖壁雕刻得像雄伟的摩天大楼。窑洞里装满了从甘肃、宁夏、陕西和内蒙古运来的货物，主要是粮食、麻油、盐、碱、药材和皮毛，叫作"六大行业"。店东们盘算着行市，是收购有利，还是中介有利。

湫水岸边，东市街集中着十几个骆驼店和骡马店，街北一溜儿并肩有七座大院子，每座足足可以容得下两三百头牲口。从早到晚，成千匹牲口，有骡子也有骆驼，西去东往，在人群中穿过街道，把河路上运来的货物送到晋中、河北、山东、河南和京津，又把东路来的货物，布匹、绸缎、煤油、茶叶、生熟铁制品和"洋板货"（即洋货）运过黄河到陕西、甘肃、宁夏和内蒙古。回来再带些皮、毛、药材、烟丝和碱。牲口走的当然是旱路。

碛口是个水旱转运码头，生意西到兰州、吴忠，北到包头、五原，南到邯郸、郑州，东到太原、京津，以致太原、汾阳、太谷、平遥，市上卖的烟丝、碱、油、粉条都叫"碛口烟""碛口碱""碛口油""碛口粉条"，兰州、银川、包头卖的锅、勺、绸布统称"碛口货"。但它们并非产于碛口，而是从碛口贩来。

在粮油货栈和骆驼店之间夹杂着几百家商店和作坊。有京广杂货店、绸布店、糖果食品店、药店、金银店、油盐店、纸笔文具店、肉店、皮毛店、瓷器店、铁器店、染坊、粉坊、磨坊、剃头店、鞋店、成衣店、饭店、旅店、钱庄、当铺和专为牲口服务的钉掌店，后来还开了照相馆、镶牙馆和石印馆，五花八门，应有尽有，供应着本镇的和外来做生意的商家的各方面需要。这样的市镇，总免不了还有大烟馆和妓院。生意做大了，连中央银行、山西省银行甚至天津的银行，在碛口也开设了分支机构。

从早到晚，三千来个坐商、客商，忙忙碌碌，订货、批货、零售、讨账。迎客的、问安的，隔着人头打招呼，嘈嘈杂杂又红红火火，生气蓬勃。除了每天的繁华，碛口街上每逢五、逢十有集市，不但周边的村子里人来做买卖，连陕西都有人过渡来赶集。集市上人挤人，挤掉了鞋子都弯不下身去捡。

连西头村的和河南坪的在内，碛口有五座戏台，"你方演罢我登场"，几乎天天有各处来的戏班子唱戏，锣鼓喧天。高亢嘹亮的"山西梆子"直送过黄河，对岸陕西的村子里都听得见。东边的露天场子叫戏台坪，演戏的日子，场子周边搭满了棚子，全都是卖小吃的，油香气飞溢整个河滩。它北面的"高圪堆"①上，光赌摊就有二三十个，吆五喝六，一把一把地抓钱。

每夜点灯以后，商店上好了排板门，满街便响起噼里啪啦的算盘声，管账先生认真结一天的营业账了。快到二更时分，街上又热闹起来，四处晃动着一盏又一盏的灯笼，流星般匆匆来往，那是饭铺的小伙计给二三百家的管账先生送夜宵，通常是一壶黄酒、一盘烧鸡、一份"碗饦"。

一曲伞头秧歌唱：

> 九曲黄河十八弯，宁夏起身到潼关，
> 万里风光谁第一？还数碛口金银山。

这就是"物阜民熙小都会"了。

碛口镇在山西省临县，临县在吕梁山区，至今还由吕梁行署管辖着。山西民间老早就有一首谣谚传下来，说的是：

> 欢欢喜喜汾河湾，凑凑付付晋东南，

---

① 高圪堆是一处不大的高地，现在是镇政府所在地。

哭哭啼啼吕梁山，死也不出雁门关。

吕梁地区虽然不是一个宁死也不能去的地方，却是一个教人悲苦的地方。黄土高原，沟壑纵横，地形破碎，草木不长，人都住在崖壁上凿出来的窑洞里，连饮水都非常困难。这样的自然环境中，怎么会出现一座商旅云集、物资丰富的"小都会"呢？造就它的，是黄河、湫水和吕梁山，这两水一山，河声岳色，写下了天地之间的"大文章"。

黄河东流，在中游转了一个大弯。先从甘肃经宁夏北上，到内蒙古临河境内折而向东，到了和林格尔的清水河又掉回头来向南奔流，直下潼关再向东赴海而去。从清水河到潼关，大约七百公里，黄河冲开秦晋高原，形成了切割深度达一二百米、宽只有三四百米的秦晋大峡谷。峡谷两岸都是悬崖峭壁，几乎没有缺口。临县就在这个峡谷中段的东岸。

秦晋大峡谷截断了陕西和山西之间的陆路交通，使它们的物资交流极为困难，而这两侧的经济本来有很大的互补性。虽然北端在包头、归化和大同、张家口之间可以交通，南端经潼关、风陵渡可以在晋南和关中之间交通，但南北两端有七百公里的距离，实在太远，因而必须在中段，也就是临县一带，有一个门户可以贯通东西。这门户一要便于渡河，二要便于穿透两岸沿河削壁，进而通过平均海拔1500米上下、布满了深沟大壑的黄土高原。湫水河口的碛口就是黄河东岸这样的门户。

民国六年（1917）《临县志·兵防》[1]里说："碛口镇，临县之门户也。县境万山罗列，惟湫水由碛口达河。碛口虽无津渡，而沿河津渡十三处，必须取道于此。"十三个渡口，都背靠吕梁绝壁，只碛口可以经湫水河谷进入东去的孔道。碛口上游，北二十里有高家塌、下咀头，又三十里有堡则峪，都是渡口。它们对岸分别是陕西省吴堡县的岔上镇和葭县的螅蜊峪（现名螅镇），以螅蜊峪为主。从螅蜊峪循一条小河谷可以到米脂。道路在米脂分支，一支先沿无定河南下到绥德，再经大理河谷到靖边，循长城向西到安边、定边，更向前便是银川和吴忠，可以

---

① 临县志编纂委员会撰，北京海湖出版社，1993。

直下兰州。另一支沿无定河北上经镇川堡到榆林，在榆林再分两路，一路在横山出长城越毛乌素沙漠西到银川，一路在神木出关越毛乌素沙漠北到包头。

临县通晋中只有两个孔道，都起于碛口。民国《临县志·疆域》载：其中"南山孔道。城南一百里碛口镇，东行十里曰樊家沟，又东三十里曰南沟镇，与离（石）界牙错。又东三十里曰梁家岔，为碛口东通离石孔道"。到了离石，向东七十里便可以抵达吴城，再往东南到汾州（现汾阳），太谷、祁县、平遥、介休这些晋商大本营就在前面了；也可以从汾州向东北到太原盆地。这里便是"欢欢喜喜"的汾河湾。碛口，这个秦晋大峡谷中段东岸最好的出口，恰巧是离晋中和太原最近的出口之一。从太原，经榆次向东从娘子关出太行山，便是石家庄。从此一马平川，可以北上京津，南下顺德府（今邯郸）和郑州，向东南则是济南。

然而，西北和华北两个经济区之间的这条古老的陆上通道在清代之前并没有成就碛口，因为碛口地势极为狭窄，没有耕地，养不活常住人口，而从上游五十里内几个渡口过来的商旅也并不需要在碛口停留。他们沿湫水往上，只要走五里，便到了侯台镇。侯台镇在湫水的冲积河滩上，土层厚而肥，早在明代就很富庶，侯台镇上有一块大明嘉靖六年（1527）立的"大侯公讳浩塔"的残石，方形抹角，其上有铭，说：侯浩于弘治年间被推为"老人"之职，"明如宝镜"。他置田产百顷，还有瓦井园圃，"立房舍一十二座"，是个不小的地主了。镇上人口众多，有集市贸易，商旅当然乐于在侯台镇打尖或住宿，从而促进侯台镇更加繁荣，以致形成了一条长长的商业街，也有骡马店和骆驼店。

成就了碛口的，是从清代初年开发的廉价而又高效的黄河水路运输，更确切地说，是水路和旱路的交会。黄河北上南下，绕了个弯子，给陆路交通带来了困难，但是它到了内蒙古，在河套地区灌溉了大片沃土，到清代初年，催生了丰饶的农产品，于是用木船和皮筏子经秦晋大峡谷把粮食、胡麻油、吉兰泰的盐和碱顺流而下，运进内

西湾村西财主院三进院，顺山势而建，十分壮观（李玉祥 摄）

地，还捎带着把宁夏、甘肃的牛、羊、皮毛以及甘草、枸杞、当归等中药材一起运了过来。粮食主要是接济虽然繁华但因为"地狭人稠"而严重缺粮的晋中和太原盆地。其余货物也要通过太原、晋中再供应华北和京津各地，而从黄河通往太原、晋中的最便捷的转运码头还是碛口。碛口不仅早有直奔太原和晋中的陆上商道，而且黄河本身又给它造就了一个特殊的条件。

碛口正在湫水注入黄河的口子的北岸。湫水发源于兴县，从北向南，贯穿临县全境。它全长只有122公里，源头海拔1500—1800米，入河处海拔657米，落差降比为千分之一。急流在黄土高原奔腾，切割很深，挟带大量泥沙砾石。一进黄河，流速骤然下降，在入口下游靠黄河东岸堆积成一个长近一千米的砾石滩，当地叫它"大同碛"，碛口便因此得名。又叫它"二碛",说的是它的险阻仅次于禹门口。大同碛把本来400米宽的黄河挤成了只有80米左右的水道,流急浪高,水底乱石如林,变化莫测,重载木船不能通过,皮筏子更经不起摔打。同时,大同碛又提高了上游的水位,加宽了河道,降低了流速,使碛口成了一个天然的河运良港。于是最无奈而其实恰恰又最合理的办法是在碛口把船筏上的货物卸下,改用牲口走早就通行的旱路转运。碛口因此成了一个水旱转运码头,胜过了大同碛下游不远只有旱路渡口的孟门和军渡,以致早在乾隆年间就已经说它"境接秦晋,地临河干,为商旅往来、舟楫上下之要津也,比年来人烟辐辏,货物山积"〔乾隆二十一年(1756)《重修黑龙庙碑记》〕,盛况一直保持到20世纪30年代。

是山,是水,成全了碛口这个"小都会"。

这就是"河声岳色大文章"!

碛口镇由于非常特殊的地理条件成为水旱转运码头而繁荣起来。临县本地水土上的农业生产原来不足以打造出一个"小都会",也不足以维持它。民国《临县志·区所》里说:"县境多山少原而民尽山居,广袤一百八十余里,按籍而稽,仅得三万四千二百三十三户,每户丁壮不过一人。……山僻之区,业农为本,凡有可耕之地,随在营窟而居,以便耕凿而谋衣食,故所谓十家村者实居多数,通邑足百户者除城镇而外不过数村而已。"碛口身处黄土高原腹地,周围都是贫瘠荒凉的沟壑峁梁。在这些沟壑峁梁里,散布着一些小小的山村,村民都"营窟而居",住的是山崖上凿出来的窑洞。喝的水是一滴一滴从石头缝里渗出来的,一遇伏旱,人畜生存都很困难。因此,碛口靠外在条件而发达起来之后,它对周围村落就发生了格外强烈的经济辐射力。周围村民很快投到以碛口为中心的经济圈里来,纷纷向碛口的转运业讨生活。

例如,黑龙庙后面的西山上村,男劳力几乎全部到碛口黄河码头当搬运工,叫"闹包子的"。麻姑村男子汉大多习武,练就一身好功夫,到碛口当更夫,开镖局。索达干、琉璃畔、高家塌、下咀头、小垣则

（子）这些黄河边上的村子，男人家大多当船工或者筏工，少数发了家的，便当起了"养船的"，也就是船主。马杓峁、尧昌里、刘家里、陈家塔、冯家会诸村各有骡马上百头，而西头、西湾、寨子山、寨子坪、侯台镇则多养骆驼。清末民初西头村陈家有骆驼一千头左右，在碛口先后开大星店、天星店、三星店三家骆驼店。远在百里外的汾阳，也有养骆驼上百头的人家，参与碛口的运输业。侯台镇、樊家沟、南沟、梁家岔，这些村子在碛口去吴城的官道上，是骆驼队必经之地，村民们便开草料店、歇店、货栈等等谋生。西湾、寨子山、李家山、高家坪、塬上、白家山等村，有不少人在碛口做小买卖，或者学做生意，由学徒而"二把刀"而掌柜，也有少数自立经营，当上了东家，甚至成了百万富翁，如民国初年寨子山的陈懋勇、陈晋之兄弟。李家山、西湾和高家坪也都出了"财主"。特殊一点的是距碛口四十来里路的招贤镇，那里有一条瓷窑沟，沟里村子如小塔则（子）、花塔则（子）的村民，大量生产粗瓷用品和缸、盆、罐之类；还有一个武家沟村，村民全用手工制作日用铜器，如炊具、灯具、烟具。这些粗瓷器和铜器绝大多数靠碛口输出到陕西、甘肃、宁夏和内蒙古去。所有这些村子，除了对碛口外，外部联系都很少而且很单纯，它们随碛口的繁荣而繁荣，随碛口的衰落而衰落，它们的命运和碛口的命运形成了一体。

更远一点，如东面的离石、吴城、汾阳，南面的孟门、军渡、柳林，北面的河曲、保德、府谷，甚至黄河对岸陕西的葭县、义合、米脂、绥德、榆林等地，也受到碛口经济辐射力的强大影响。

在临县的黄土地上走，满眼凄凉，深沟大壑里，悬崖上散落着零星的窑洞，连县志说的十家之村都难得一见。但是，忽然间，绕过一道山梁，竟会有一座满是青砖瓦房的大村落，层层叠叠，从沟底一直漫上坡顶。地形陡峭，石板路曲曲折折，两旁的院门却很精致，甚至也有精雕细刻的。推门进去，宽敞的大院子，三合或者四合，都是砖砌的箍窑，窑前一律建明柱厦檐。有单层的，更多的是两层。格子窗上，艳红的剪纸还鲜亮着。这些院子里，大多有畜养骡马的厩屋，用整块青石雕出来的料槽排列得整整齐齐。院子中央的碾盘上，姑娘们用小笤帚扫着金黄的玉米面。每到仲秋，院子里就会满地摊着枣子，红光闪闪一片。这些村子，看上去，仿佛是依靠一种特殊的力量变出来的幻景，不是这黄土地上所能生成的，因为它们都是碛口镇经济辐射的产物。西湾、高家坪、李家山、寨子山，或许是其中比较好的，它们和碛口街共同构成一幅完整的历史场景的图画。

繁华的碛口街上，不论是腰缠千万的大东家还是靠卖血汗糊口养家的苦力，都是在这些山村里出生长大，到成就了之后，房子依然造在山村里，家眷也决不搬到街上去住。他们还是村子里的人，这里有他们祖辈植下的根。到了老年，回来颐养，即使死在街上，也要埋在村边，挨着祖坟。他们创造了许多经济上的业绩，他们的身体和灵魂都还没有离开土地。这些小村和村外的宝地，是碛口历史不可以忽略的一部分，是中华民族向新的近代历史阶段发展的艰难路程的一份记录。

正是促进碛口成为水旱转运码头的那些地理因素，也使碛口成为兵家必争之地。碛口在史书或志书里出现，总是这两种身份。山西省北部和西部，长期是少数民族和汉族之间的"前线"，距碛口不远的马头山，有晋代边防名将刘琨和祖逖的庙。作为军事要地，碛口之名最早大约出现在《隋书》里，是山西面对匈奴的防御要塞。民国《临县志·山川》载："黄河经县境二百余里，沿岸石壁巉岩，军行无路，间有山径，皆羊肠小道，惟碛口为临（县）之门户，有事必争其形胜。"《临县志·兵防》又说："每遇陕北告警，临（县）首当其冲，碛（口）实扼其要。历来办理团防，必以碛口为关键，督师坐镇于此，俾贼益无隙可乘。……临（县）无事则晋无事矣！"万一晋"有事"，则京畿就吃紧了。好在"东西山径皆鸟道羊肠，一夫当隘，万夫莫开，如逢惊扰，筹防较易"。

从明末以来，陕西屡屡发生各种战乱。先有李闯王，他的部下王家胤、张有义、王之臣都曾经渡河犯临县县城；清初，榆林姜瓖余党平德围攻临县县城。这两次都造成了很大损失。咸丰三年（1853），汾州在碛口设通判衙门，并派千总一名，士兵九十，驻地防守，防御的对象便是陕北此起彼伏的乱事。同治年间，继捻军之后，宁夏、陕西发生了回乱。碛口通判汪韶光任沿河团练总办，永宁（离石）李能臣、临县张从龙为协办，分驻军渡和碛口，汾州派兵八百人增援。汪韶光是广东三元里人，鸦片战争时，在广州率民团截杀过英兵数百并歼英将伯麦。张从龙则在闽浙沿海抗击英军有功。李能臣曾任云南总镇。张、李二人"声势相联、上下策应，又恃黄河天堑之险，幸获无虞"（引同上）。地方商团和民团都参加了防御。

民国五年（1916），陕西又有"会党"，四出劫掠，"三交、碛口及沿河各村赶办商团、民团"，协助军队驻黄河东岸设防。防御的主要方法是"设版焚舟之策"（引同上），一方面构筑防御工事，一方面把河上船只全部拘到东岸。企图东渡的乱民无舟可渡，碛口始终不曾失守。

光绪三十三年（1907），汾州通判移署，碛口设巡检。

由于碛口在军事上的重要性，民国二年冬在碛口设警察分所，由临县派警兵八名，巡官一名，离石因为在碛口有一块"飞地"，所以也派巡官一名并出全部官兵饷银。除了县城之外，碛口是全县唯一有常驻警兵的地方。为加强防务，民国五年碛口镇和县城同时设军用电话，"各有专员驻办传报军事，慎固河防"。

红军长征到达陕北之后，1936年便分兵渡过黄河，建立晋绥、晋西北根据地。一方面掩护陕甘宁边区，一方面接近抗日前线。这种形势下，碛口成了中央陕甘宁边区和晋绥、晋西北联系的要道。大量武器、医药、"标准布"和军鞋，通过碛口源源运往陕北。

黄河百害　唯富一"套"

　　碛口作为水旱转运码头，是从清代初年康熙朝起步，到乾隆朝而发达的。转运业的发展，固然要有一定的地理条件，但它真正重要的前提是商品生产和市场。清代初年，大西北和内蒙古河套地区农牧业稳定发展，产品进入市场，促进了与内地繁忙的贸易，碛口正是在这个背景下作为内地的一个对河套贸易重镇而崛起的。

　　明代建立之后，面对着蒙古人在北方边疆的威胁，便一方面筑长城，一方面沿长城设了九个军事重镇，它们是蓟州（驻蓟县）、辽东（驻辽阳）、宣府（驻宣化）、大同（驻大同）、山西（驻偏关）、延绥（驻榆林）、宁夏（驻银川）、固原（驻固原）、甘肃（驻张掖），称为"九边"。在边镇上驻重兵防守，据《明会典》，一共布置了80万上下的军队。为了供应这支庞大的军队，不得不吸引民间力量参加，活跃于明、清两代的中国第一商帮晋商，就是利用这个机遇而兴盛起来的。早在明代中叶为了支应边镇军粮，以晋商为主，在边镇形成了粮食市场，并且带动了盐、布等生活必需品的交易。

　　不过，有明一代，蒙明边界始终大小冲突不断。15世纪中叶，正统年间，在永乐时期得到过明朝册封的蒙古族瓦剌部入侵，在"土木之变"中俘虏了明英宗。另一个蒙古族俺答部活跃在河北、山西境内，嘉靖二十年（1541）一直侵犯到石州，也便是碛口所属的永宁州

（今名离石）。

隆庆四年（1570），俺答部内部矛盾尖锐，首领向明政府求降，宣大总督王崇古奏请朝廷"封俺答、定朝贡、通互市"。内阁大臣高拱、张居正、张四维大力支持王崇古的主张，终于在次年实现了俺答和明廷的和议。促成这个和议的王崇古是山西蒲州人，父亲、伯父和长兄都是巨商。张四维是王崇古的外甥，他的父亲、叔父和弟弟也都是巨商。王、张两家的亲戚中也有商人。所以"隆庆和议"是晋商的一次大成功。和成之后，以晋商为主的边市贸易大大兴盛起来。《明史·王崇古传》记载："崇古乃广召商贩，听令贸易。布帛、菽粟、皮革远自江、淮、湖、广，辐辏塞下。因收其税以充犒赏，其大小部长则官给金缯，岁市马各有数。"据《万历武功录·俺答列传》载，关内商人用绸缎、布匹、棉花、针线、梳篦、米、盐、糖、果、梭布、水獭皮、金银、锅等交换蒙古牧民的马匹、牛、羊、骡、驴、马尾、羊皮、皮筒等等。政府开设了13处"官市"，"官市毕，听民私市"。起初，市是一年一次的，后来又设了"月市"，再进一步便设立了频繁的"小市"。万历年间，更进一步的自由贸易占了上风，官市便衰落了。

入清以后，满族统治者实行笼络蒙古人的政策，封爵通婚、修路赈灾，扶持农牧业生产，派内地官员教蒙古人犁地播种、引河灌溉、田间管理、及时收获，并准许向蒙古输出铁质农具，塞外的农牧业生产又有比较大的提高，蒙古成了一个重要的经济区。康熙三十年（1691）"多伦会盟"稳定了对蒙古的边防，康熙帝说："昔秦兴土石之功修筑长城，我朝施恩于喀尔喀，使之防备朔方，较长城更为坚固。"[1]他的政策很快收到了好的效果。康熙四十年，塞北已有余粮可以输入内地。

康熙、乾隆两朝，先后西征准噶尔部，为了稳定后方边防，保障军需后勤，便在东起察哈尔、西到临河的黄河河套地区和它的外围实施八旗兵丁屯垦并设立"皇庄"，后来更允许私垦，甚至招民垦荒。雍正时期，在归化城（今呼和浩特）土默特地区开放了土地十四万顷，招山西

---

[1] 《清实录·圣祖实录》卷一五一，中华书局，1985，第二册。

等地农民开荒，到乾隆初年，归化平原已开垦了两万顷。河套地区、察哈尔地区和东蒙古地区也相继开垦。这时候，山西省已经地狭人稠，粮食难以自给，尤其是太原盆地、晋中、忻州盆地和运城盆地。这里的人不得不向外求发展。除了晋南的运城盆地"走西口"，向关中讨生活之外，晋中、晋北都奔向归化平原和河套，"走北口"。朝廷正式下令"借地养民"，予以支持。他们有一部分长期住下，有能耐的当"地商"，一部分短期打工，以致从集宁、归化经包头到五原、临河，整个河套地区里，山西话成了当地土语。归化城外五百余村，山西籍移民"更不知有几千家"①。经过以山西籍移民为主的农民辛勤的开发，短短几十年，归化和后套农业就发达起来，后来便有"黄河百害，唯富一套"的说法。尤其是归化平原和后套盆地，土层厚，水利好，农产十分富饶。归化和后套的粮食，早在康熙年间便源源输向缺粮的汾州（今汾阳）、太原、晋中，供应当地急需，称为"北路粮食"。这些地方的粮价都随"北路粮食"的情况而波动。

正是由于蒙粮内运，碛口便进入历史。蒙粮内运，有两条路线，一条是北面从陆路进杀虎口到大同再南下，一条便是用水路借黄河从秦晋大峡谷而来。两条路线上主要的经营者都是山西商人。乾隆八年（1743），山西巡抚刘于义给皇上写了个"为筹划将口外之米以牛皮混沌运入内地事"的奏折（见《历史档案》1990年第3期），这份奏折里说到"归化城、托克托城一带连岁丰收，米价甚贱"，而雍正时"世宗宪皇帝深知山右（按：即山西）需米甚殷，欲以口外之米运入内地"，但陆路运输"车骡雇价为费甚多，运到内地已与市价相去无几"，而用船和木筏运输又各有不利，因此他建议用牛皮混沌来运。刘于义调查了运输路线，写道："黄河自托克托城河口村起，到保德之天桥，计水程四百八十里。又自保德天桥过兴县、临县到永宁州之碛口，计水程四百八十里。碛口陆运至汾州府计二百八十里，运至太原府，计

---

① "翰林院侍读，山西巡察励宗万奏折"，雍正九年三月二十五日，载《宫中档雍正朝奏折》第十七辑，第837页。台北故宫博物院编印，1997。

四百八十里。此处即可接济汾州、太原二府。"刘于义又做了试验，"于保德州买米三十八仓石，令装入混沌试运，不过四日，已至永宁州碛口地方。陆运至汾州，每石较市价可减银四钱，陆运至太原，每石较市价可减银二钱"。托克托在归化西南黄河边，是归化的航运码头所在地。这份史料，第一次说明碛口作为从归化平原向汾州、太原接济粮食的水陆运输交换站，已经被官方认定和准备利用。它的这个地位历经两百多年，到光绪年间，张之洞、岑春暄又设绥远垦务总局，归化、河套的开发更加迅猛了，粮食内运的规模也更大了，碛口在这时候达到了繁荣的顶点，保持到20世纪30年代之后才渐渐失去。

除了粮食，大宗货物由黄河直下秦晋大峡谷而到碛口转陆运的还有产于后套吉兰泰盐池的盐（简称吉盐或蒙盐）。盐是民生必需，在明清两代都由政府专卖。山西省民用盐都是产于内陆的池盐，来源有两个：一是运城盆地的，叫河东盐，可供晋南，并输向关中；一是吉兰泰盐池所产。咸丰年间，通政司副使王庆云在所著《石渠余记·河东盐法篇下》有详论，简略地说：吉兰泰盐池的盐，味甘而产多，旧时山西口外五厅并大同、朔平两府，兼济太原四十四州县土盐之不足。乾隆四十五年（1780）为防运盐造成道路拥堵，一度禁运。四十七年，"上念河东盐敝，命议运吉盐到临县"。起初，为了担心吉盐大量运到临县碛口之后和河东盐发生产销矛盾，所以只许由陆路运，但"道远费贵"。五十一年，山西巡抚伊桑阿趁乾隆到五台山礼佛，上奏乾隆"请改吉盐由水运"，供应晋北的一部分在河口卸下，走杀虎口大同一路，其余"应听运至碛口贮岸，零星售贩，不得载至下游"。"不得载至下游"仍是为了避免冲击河东盐的经营。乾隆把奏折交部议之后允准了。《大清会典·户部奏准盐法事例》记载："乾隆五十六年，奏准阿拉山地方每年准造盐船五百只，每船盐四十石，石七百斤，共计二万八千斤，运到山西例食口盐地方贩卖，石收银四钱，共收银八千两。"吉兰泰盐的发运口岸指定为磴口。嘉庆年间，吉盐水运至碛口的事又经朝廷多次议止又多次开放，每次开放，都规定不许吉盐"侵越碛口龙王迤以下"，因为那以下便"非吉盐引地"。就是说，碛口以下便不是吉盐官定的销售地了。这样就更加强了碛口作为吉盐济晋的转运口岸的地位。这地位也一直维持到20世纪30年代。碛口人把蒙盐叫作"红盐",因为颜色微微发红。

吉兰泰盐池同时产食用碱,碱也经碛口转运,是碛口批发商品的又一大宗。

为适应蒙古农牧业的发展,清政府在塞外建设了15条驿道,230多座驿站,吸引大批内地商人去贸易有无。他们拉着骆驼走遍大漠南北,从而在乾隆朝便在漠南形成了几个商品集散中心,其中比较大的有归化、包头和多伦,尤其以归化为最繁华。康熙中前期,归化城除了衙署庙宇还有可观之外,"余寥寥土屋数间而已"(张鹏翮:《奉使俄罗斯行程录》)。五六十年后,城里街道"长径数里,圜圚喧闹,市货充溢"(夏之璜:《塞外橐中集》)。[1]乾隆四十一年(1776)军机处录副巴延三《查明归化城税务情形》档中说:归化城"居民稠密、行户众多,一切外来货物先汇聚该城囤积,然后陆续分散各处售卖"。当时有内地旅蒙商人开设的商号至少140家。《绥远志略·绥远之商业》(正中书局,1937)中说:"本省商务,自前清中叶而后渐趋繁盛,筚路褴褛者,厥为晋人。"光绪朝山西《左云县志·风俗》里记:"牵车服贾于口外"的,"大半皆往归化城开设生理或寻人铺以贸易"。归化的这些商号无疑大多是山西晋商所有。道光初年,归化城已经成为南至安徽、江苏、湖北、山西,北达乌里雅苏台、科布多、恰克图,西抵巴里坤、古城、迪化、塔城一个商业网的中心。恰克图和塔城是西去俄罗斯直通欧洲的国际贸易城市,而晋商在恰克图有商业字号120多家。甚至贩运到欧洲去的茶叶,也多是晋商直接赴福建、江西两省的产地收购,经长途跋涉,运送到恰克图和伊犁。

随着商贸集散城镇的涌现,内地的手工业匠人也纷纷来到塞外谋生。起初是春来秋去,被叫作"雁行"客户。后来渐渐定居下来,开设

---

[1] 张鹏翮文及夏之璜文均转引自郭松义论文"清代人口流动与边疆开发",见《清代边疆开发研究》论文集。中国社会科学出版社,1990年11月,44页。

作坊，主要从事硝皮、制毡、缝靴、酿酒、制酱油和榨油这些农牧产品加工。此外还制作蒙古包、鞍具、喇嘛教法器和金银首饰。河套地区盛产胡麻和大麻，起初有许多运到碛口榨油，后来觉得这种做法不上算，便在当地榨油，把成品油运往碛口，于是麻油也成为碛口转运的货物中的大宗。碛口俗谚说："碛口三天不发油，汾州满城黑黢黢。"因为当时点灯要用胡麻油，碛口不发油，汾州人连灯都点不上了。道光二十七年（1847）《重修黑龙庙碑记》里，出钱修庙的汾州施主全是油行，也可以旁证这一点。

正是口外农牧业和以农牧产品加工以及为农牧业服务的手工业的发展，大大促进了内蒙古商品的内流。正是这种主要由晋商操作的内流依靠黄河水运，从而成全了碛口，使它发挥了山水地理条件的优势，成为一个繁华的水旱码头，一个"小都会"。

所以，碛口镇崛起于康熙、乾隆年间，发达于道光年间，至光绪年间而极盛。这个过程和河套地区经济的发展完全同步。

民国十五年（1926）九月出版的、由山西教育厅编辑处编辑的初级小学补习科用《商业课本》第一册第二十八课"碛口"写道：

站在碛口黑龙庙后山顶俯瞰黄河及湫水河（李秋香 摄）

碛口所来去的货物，约计如下：

西路：来货皮、毛、碱；去货布匹、棉花、生铁货、瓷器。（按：均为缸、盆等粗货）

东路：来货河南布、洋布、省南棉花、熟铁货；去货皮毛、油、碱、粉条、粉皮。

南路：来货无；去货小米、麦、豆。

北路：来货油、盐、鄂套碱、杂粮；去货无。

据上所述，南路无来货，北路无去货，俱是因为黄河水运不能用木板船上行的缘故。

课本里没有写到东路去货中有粮食，可能因为民国十五年京包铁路和同蒲铁路已经通车的关系。这时北路来的杂粮已经只供临县本地和附近地区的消费了。在这种情况下，西路的黑豆、小米等杂粮也就不来了。课文里所说，由于黄河不利于船只上行，所以"南路无来货，北路无去货"，是很重要的情况。

碛口的衰落，是由于它失去了使它兴发的作为水旱转运码头的功能。铁路和公路的兴建，使陆上运输远比黄河运输更便捷、安全而且廉价。近年，葭县（今佳县）和吴堡跨黄河的公路大桥通车，碛口只剩下了与对岸吴堡农村的集市贸易关系了。"河声岳色"再也写不出"大文章"来了。贫瘠干旱、十年九灾、水浇田不过十分之一的黄土地上的农业不能支持碛口的繁荣，甚至不足以养活它三千多的人口，它必须另谋出路，而这将十分艰难。

崛起于河山之间

虽然有信实的史料可征，清初乾隆八年，山西巡抚刘于义便已向朝廷奏请以碛口为水旱转运码头，从归化平原运粮接济汾州、太原。但碛口更早的历史难以确认，而且关于乾隆以后时期的零星史料，相互之间出入分歧很多。

湫水和碛口，大约最早见于《隋书》。《隋书·帝纪第二·高祖下》记载："仁寿元年（601）……五月己丑，突厥男女九万口来降。壬辰，骤雨震雷，大风拔木，宜君湫水移于始平。"[①]同书《列传第十六·长孙晟》记载："仁寿元年，晟表奏曰：'臣夜登城楼，望见碛北有杀气，长百余里，皆如雨足，下垂披地。谨验兵书，此名洒血，其下之国必且破亡，欲火匈奴，宜在今日。'诏杨素为行军元帅，晟为受降使者，送染干北伐。二年，军次北河，值贼帅思力俟斤等领兵拒战，晟与大将军梁默击走之，转战六十余里，贼众多降。晟又教染干分遣使者，往北方铁勒等部招携取之。三年，有铁勒、思结、伏利具、浑、斛萨、阿拔、仆骨等十余部尽背达头，请来降附。达头众大溃，西奔吐谷浑，晟送染干安置于碛口。"

把一员战功显赫的北伐大将安置在碛口，这碛口必定是个战略要

---

① 杜经国主编：《二十五史》，第5册第6页，中州古籍出版社，1998。下引文同此，不另注。

地。今之碛口古代属离石，汉初韩王信亡走匈奴后，高祖命车骑击匈奴，就直追到离石。东汉、魏晋南北朝时期，南匈奴人散居在今甘肃、陕西、内蒙古和山西一带，又以在山西的为最多最强。西晋时，匈奴左贤王刘渊拥兵自立，国号为汉，地点就在离石。而从离石西走黄河求渡，碛口是最近便的。离石、汾州、孟门都是当时军事重镇，孟门在碛口南，距碛口不过十余公里，北周时设定胡郡定胡县，碛口北80公里，黄河岸边有克胡砦，因为那一带都是"乱华"的胡人的居住地。所以，隋初染干驻防的碛口很有可能就是现在临县的碛口，而且仁寿元年对湫水的天候很注意，也可能作为另一个佐证。

从湫河口向上走大约两公里，湫水东岸的寨子（则）山村有一块明代天启年间的残墓碑，还有一块乾隆四十年（1775）《重修关帝庙碑记》，它们的第一句都是"寨则（子）山村即左大同镇也，传言外藩建城于兹"。湫水注入黄河所形成的石滩至今叫大同碛，显然和这个大同镇有关系。"古大同镇"是什么时代的，并不清楚。寨子山村东侧的山，被村民称为"城墙梁"，上有古建筑遗址。这遗址是不是"大同镇"，也不清楚。

光绪年间，寨子山有《观音古刹诸祠重修碑》，它的"记"说："距城百里有寨子山村者，相传外藩侦逻之所，上依古塞，下瞰湫河，为碛口镇一隅之保障，诚巨观也。旧有观音、三官神祠，不知创自何年，考残石断碣，多宋元时语，知其由来远矣。"碑记中提到光绪九年湫河水灾事，则此碑之立当在光绪九年之后。它只提"外藩侦逻之所"而不再提大同镇的事。民国六年《临县志·山川》说："寨则山有古寨，形势雄峙。"山村因此而得名。看来有古寨大概是真的。这样，碛口在古代曾是军事重地又多了一份可能性。

寨子山下方，湫水西岸有个侯台镇，民间传说古代是元代驻军的防地，当年的军官职称叫"镇台"，姓侯，退役后在这里定居，村子便得名为侯台镇，居民都姓侯。这一带乡民相信"先有侯台，后有碛口"。现在的碛口镇，东头有个西头村，西头往北一公里有个西湾村，碛口北面卧虎山上有个西山上村。西头、西湾和西山上，都是由于在侯台镇的西面而得名的。所以，侯台镇早于碛口的传说可以相信。至于它作为元代"镇台"的驻地则没有确凿的证据。

西头村和碛口之间，有一座西云寺，据民国六年《临县志·古迹》说，这座庙"旧称西云观，在侯台镇北之西石崖，后因殿宇破坏，不便香火，元皇庆年间（1312—1313）移置碛口之北，西头之西。旧志称皇庆年建，今则无碑可考矣"。旧志所说的"皇庆年建"，不知指在侯台镇的初建还是后来到西头村的迁建，语焉不详。西头村现在有三座刘氏大宅，分别叫"光槐堂""双槐堂"和"三槐堂"（村民叫它"圪垯院"），有些村民说它们建于明代，但三槐堂院门上有匾额，书"□□增荣"四个字，下款为"乾隆十三年□月"，双槐堂的门额上则有道光乙未的题刻"长发其祥"，都不是明代的。

碛口街身后，卧虎山陡坡上，正对着湫水入注黄河的口子，有一座黑龙庙。它正殿的前廊里有一块乾隆二十一年（1756）的《重修黑龙庙碑记》，里面写道："临、永间碛口镇，相传于明时因河水漂来木植，创庙三楹，正祀龙王，分祀风伯、河伯于左右。"临是临县，永是永宁州，即今离石市。这是直接有关碛口镇本身建筑最早的史料。第一座庙便奉祀龙王、风伯和河伯，可以看出当地人对河流的重要性已经十分在意了。可惜这则史料仅仅是"相传"而已。

民国六年（1917）《临县志·乡贤》记载，明末清初的大学者、大书画家傅山（1607—1684），字青主，山西阳曲人，应邑人赵褆之邀游历临县时，曾"南至碛口为士夫题写楹联，其书法篆隶及诗古文辞一时珍若拱璧"。赵褆逝于康熙二年，当可推断，此前碛口已有相当规模，且略有名声。不过当时碛口是个什么性质的聚落，以什么营生为主，县志都毫无涉及。而地方士夫雅爱法书诗文，则似乎难以置信，碛口自始至终不过是个码头，并没有什么"士夫"。

最确实的史料来自光绪三年（1877）的《永宁州志·孝义》，当时临县包括湫水河口一带都隶属永宁州。它记载："陈三锡，西湾村人，候选州判，勇于有为。康熙年间，岁大祲三锡恻然隐忧，因念北口为产谷之区，且傍大河，转运非难，遂出己赀于碛口招商设肆，由是舟楫胥至，粮果云集，居民得就市，无殍饿之虞，三锡之力也。至今碛口遂为巨镇，秦晋之要津焉。"据西湾村《陈氏家谱》所说，三锡生于康熙二十四年（1685），卒于乾隆二十三年（1758），他在康熙年间大发时，不超过36岁。后来又趁河南大灾，从北口运粮向当地农民赊售，要求以土地抵押，从而赚得了大批土地。传说陈三锡一生在碛口开设了30所商号，他的后代在碛口拥有一百多座商号，占了半个碛口街面。碛口最大的货栈"四十眼窑院"传说是他建造的。从陈三锡的事迹可以见出，早在康熙时期北口的粮食已经大量由黄河南运，不但供应临县一带，而且可以从碛口再转运河南，在这个贩运贸易中，碛口已经扮演了重要的角色。所以，乾隆八年山西巡抚刘于义才会奏请皇上筹划将口外之粮用水路运到碛口，再走旱路到汾、太两州。

如果西湾村《陈氏家谱》的措辞是准确的，那么，陈三锡不但是碛口的早期开发者之一，而且是北口粮食内运早期开发者之一。

但是，陈三锡是西湾陈氏的第三代，据西湾村《陈氏家谱》，始迁祖陈师范在明代晚期到西湾定居。那时碛口已有水运，货物运到碛口后，由人力或畜力运到侯台镇，当时侯台镇才是个物资转运中心，因为侯台镇早是个富庶的农业聚落，有人有屋，在河东、河西只有旱路运输时期就已经成了过境宿站，而碛口在河运开发之初还没有或者仅有很少定居的人家。陈师范出身贫苦，起初当劳工，后来摆小摊做从碛口到侯台镇的转运工人的生意。他聪明能干，善于经营，终于大发。但这里有一个疑点，即碛口在明末或清初师范时期的河运，是运从河套来的"北路货"呢，还是仅仅运从螅蜊峪渡口南下三十里而来的陕、甘、宁一带的"西路货"。如果是后者，那不过是旱路长途运输中的一个小小插曲而已，还算不上真正的黄河水运。师范晚年已经在湫水河口的南岸叫河南坪的地方以及碛口黄河岸边买下了不少的土地。河南坪的土地肥沃，有很好的灌溉之利，黄河边上的土地是无用的乱石坡。师范的两个儿子分家时，三锡的先人受欺侮，只分得黄河边的劣地，而三锡恰恰靠这一片地，利用北口粮食河运，大大发达起来。如果这个分地的传说可靠，则黄河岸边由"劣地"变为"黄金宝地"，这过程正发生在三锡壮年时期。这个过程，应该也正是碛口从仅仅一个过境码头向水旱转运中心转变的过程。这和州志里所说，三锡"出己货于碛口招商设肆，由是舟楫胥至，粮果云集"的情况是符合的。

关于侯台镇还有一则史料，嘉庆《山西通志》里记载："侯国泰……侯台镇人，家贫力作，道拾遗金六百，还其主。富商某闻其义，畀千金令贸易，持往北口，值岁祲，塞外大寒，见无衣者，买羊裘给之。金尽归来，某嘉其见义勇为，复与千金，再至口外。适值乾隆间采买皇木，承办有功，以椽吏考授从九品。"拾遗能得六百金，可见遗金的人十分富有；某富商嘉义先后两次畀金各一千，这位商人拥金之巨已很不一般；侯国泰遵命贸易，都赴北口之外，可见侯台镇和蒙古的贸易已经很普遍。据西湾村人传说，侯国泰"采买皇木，承办有功"，就是把大青山的木材由黄河下放到碛口再转运北京。侯国泰第二次赴北口外是在乾隆时期，大约正和陈三锡为同时人或稍晚，生活在鼎盛时期的侯台镇。

水旱转运中心于乾隆朝从侯台镇转移到碛口，应是黄河水运发达之后的必然结果。有一则史料说，决定性的变化缘于一次水灾。民国六年《临县志·山川》记载："碛口古无镇市之名，自清乾隆年间河水泛滥，冲毁县川南区之侯台镇并黄河东岸之曲峪镇，两镇商民渐移积于碛口，至道光初元，商务发达，遂称水陆小埠。"县川就是湫水，因为它纵贯临县全境。侯台镇在湫水西岸，曲峪镇在碛口北大约一百二三十里，黄河岸边，是个重要渡口，这两镇同时被水灾，是河水和川水同时暴涨的大灾，但县志"大事"记里乾隆朝只有一次大水灾，即"六月二十五日湫河暴涨，冲坏护城堤四十余丈"。说的虽是临县县城，但或许摧毁侯台镇和曲峪镇的洪水就是这一次。如果是这一次，则发生在陈三锡死后（死于乾隆二十三年，1758）。县志的那段话说，碛口"至道光初元，商务发达，遂称水陆小埠"，这就是说，三锡时，碛口的发达程度还低于侯台镇和曲峪镇，是那二镇冲毁后商民移迁到碛口，碛口才逐渐发展成为临县第一大镇的。然而前引《永宁州志》说它在三锡死前已经"舟楫胥至，粮果云集"，何况早在乾隆八年，山西巡抚已经向朝廷建议由碛口转运归化粮食接济晋中了。

　　而且乾隆二十一年（1756）的《重修黑龙庙碑》上已经称"临永间碛口镇"，说它"境接秦晋，地临河干，为商旅往来、舟楫上下之要津也。比年来人烟辐辏，货物山积"，经济十分兴旺。这次重修黑龙庙，"功德主"正是陈三锡，碑记或许会有点夸饰，但碑记又写道，雍正年间曾在庙里"增修乐楼一座"，"每当风雨骤至，波涛忽惊之顷，则人人怆惶，呼神欲应，夫是以演歌舞、供牺牲，祈灵于兹庙者，踵几相接"。乐楼就是戏台，一有风雨，人们便纷纷去给龙王、风伯、河伯演戏、烧香，大约并不是怕洪水泛滥，更重要的无疑是为往来商旅、上下舟楫祈祷平安。而这种情况的发生更早于大水冲了侯台镇和曲峪镇之前很多。另外，更重要的是还有一宗实物证据。碛口街上现在还存在五块乾隆朝代的店号牌匾。三块在西市街，分别是乾隆四十七年、五十四年和五十九年的，后两家都是大型货栈，其中一座在山脚下，不临街，依常理，它前面临街的那家货栈不可能造得比它迟。另两块在东市街，分别是乾隆五十四年（1789）和五十七年（1792）的，其中之一到了东头西云寺边上。这样看来，乾隆时期碛口镇已经大致成形。所以，民国六年《临县志·山川》说碛口到道光初元才成水陆小埠，大概是不可靠的。

　　抛开这些史料间的矛盾出入，总之，从康熙末年到乾隆中期的五六十年间，便是碛口镇迅速地从崛起到兴盛的五六十年。这五六十年，也正是内蒙古河套及其周围地区在山西籍为主的移民开发下农牧业大发展、山西晋商在那里大展身手的时期。

满地是银子

从清代乾隆朝到20世纪30年代末的两百多年，是碛口经济的鼎盛时期，中间还有一个光绪朝的高潮。这期间，碛口镇号称秦晋大峡谷沿岸七百公里的第一镇，或者说晋西第一镇，远比临县县城繁华得多。民国六年《临县志·物产·商业经略》写得很具体："临邑山岭崎岖，通商不便，固非若名都大埠得以便交易而广招徕。治城虽在适中之地，无银行、钱店为金融机关，不过以梭布米面小小经营供四民之取求而已。就合邑城镇之商业较，碛口为县南门户，东北接县川，东南达离石，西南通陕甘，西北连河套，水陆交通颇称繁盛，城内与三交远不逮也。白文、招贤、南沟又其次者，而兔儿坂、曲峪镇、丛罗峪、安家庄、清凉寺、梁家会等处，均在县境西鄙，山场野市，商业之零落不待言矣。"临县全境在"哭哭啼啼"的吕梁山区，贫穷落后，而独碛口繁盛，就是因为它依靠的是"过载"，便是转口贸易。

当地民间有谣谚："碛口柳林子，满地是银子，一家没银子，旮旯里扫得几盆子。"柳林在碛口南五六十里，主要经济活动是转运批发从碛口、军渡来的商品。它不在沿黄河第一线，比较清静，却又分享了转运的利益，又盛产时鲜蔬菜，多零售业和服务业，手工业也比较发达，生活安逸而富足，是附近地主们乐于居住的地方。

另一个谣谚是："驮不完的碛口，填不满的吴城。"吴城在离石县城以东37公里，从碛口来的驼队东出吕梁之前的最后一站，也是"东货西运"进山之后的第一站，山区和平原间的咽喉之地。两边驮来的货物绝大部分卸在这里，经过批发再运送出去，或东向太原、晋中到京津，或西向内蒙古和陕甘。货物川流不息，碛口和吴城两个批转站便紧忙乎着过手，所以既驮不完也填不满。

但是，民国以前，关于碛口的史料很少，正式的几乎没有，大都是些口头的传说，虽然众口一词夸赞碛口的繁荣，说到具体处，相互间又差别很大，而且都难以证信。关于那个漫长的历史时期，只能依靠一些零碎的资料来认识。

乾隆二十一年（1756）的《重修黑龙庙碑》碑阴的施银"芳名录"只记下了"功德主"陈三锡和他儿子的名字，以及十一位"领袖人"和"经理人"，大概是具体负责工程的。还记着长盛厂、广昌号和广裕号三家商号，但它们是以什么身份出现在"芳名录"上，看不清楚。到嘉庆二十二年（1817）重修西云寺，据道光九年（1829）所立的重修碑记载，有"本镇"33位"募化人"，其中有21位可以认定为商号，占64％，其余的12位都以个人的名义，虽然他们大都是各业的东家、掌柜，但并不用店号的名义。除了本镇的募化人之外，其余都是冯家会、索达干、樊家沟这些近邻农村中的，118人全部以个人名义。另有临县县城的施主15位，至少有11位可以识别为店号。从这两块碑来看，一是商号在公益事业里还不是很活跃，经营意识不强，恐怕众多商号之上也还没有产生一个能起作用的组织力量；二是碛口镇在外地的影响力还不很大，外地只有县城的商号来参与重修西云寺。从这两点看来，碛口虽然作为水旱转运码头已经有了一百来年甚至可能更长的历史，在一些方面还像处于草创阶段。

但是，道光朝似乎是碛口经济的突进时期。西云寺重修之后，不过30年整，从道光二十七年（1847）《卧虎山黑龙庙碑》起，以后所有修庙的施银"芳名录"里几乎全是店号，个人的名字只有零星几个而已。

就是这块道光二十七年碑，施主一共72位，除了三位庙里的住持及

黑龙庙戏台

徒弟、三位署名为"河滩"外,其余66位全部是店号。尤其值得注意的是店号中有42家是外地的,计柳林19、薛村1、大麦郊1、段村1、汾府(汾州)3(全部为油行)、灵邑(灵石)3、平邑(平遥)1、介休1、孝邑(孝义)4、军铺镇4、晋州1、吴城镇2、南关(临县县城内)1。这可能说明,本镇和外地的商行的经营意识有了提高,也说明碛口在外地的联系大大增强了。

过了19年,即同治五年(1866),距碛口不过5公里的山村李家山重修天官庙,碑上刻的芳名录里,竟有碛口本镇商号132家。李家山深藏万山之中,这座庙又很小,并不是香火胜地,重要性远远不能和黑龙庙相比,不可能全镇商号一齐来施银,可见当时碛口商号数已经很可观了,而且也懂得参加公益事业了。

比较道光二十七年的《卧虎山黑龙庙碑》和同治五年的李家山《重

西湾村东财主院

修天官庙碑》，仿佛可以见出碛口的商号在这19年里有了一次大发展。所以，民国六年《临县志》说碛口在道光朝之后才成"水陆小埠"虽然不很准确，但在道光朝之后明显更加繁荣了一大截是很可能的。

再过50年，民国五年（1916）重修黑龙庙的碑里，施主芳名录有了新的特点。一是外地商号增加到了129家，而且远到了包头（24家，其中一家为大义篓铺）、河口（即托克托的水运埠头，商务会1家、店号7家）、河曲（5家）、保德（13家）、府谷（9家）等地。二是本镇商号也增加到了132家。

黑龙庙有个"上庙"，就是关帝庙，那里有一块民国八年的重修庙宇碑，芳名录上，本镇商号219家，远比民国五年碑上的多，外地商号149家，大体和民国五年碑上持平。但新的特点是，施主的名称中有本邑（临县）"合油行"、汾府"合油行"、离石"面行、花布行、染行、银行"和招贤镇"全镇商行、煤窑合行、瓷窑合行"。这或许反映出当时行业的同业组织发展起来了。不远的外地如此，本镇可能也如此。组

李家山住宅

织水平的提高，应该是和经济水平的提高相应的。

黑龙庙和它的上庙，基本上在同时重修，两块碑上的芳名录里，本镇施主没有一家重复出现在两块碑上，可见当时募化时是有意避免的，因此，大致可以推断，民国五年至八年间，碛口有实力的商号至少有了351家之多。

据民国六年《临县志·商业》记载，清末至民国初年，临县全县经正式挂号登记的坐商有260多家，其中县城只有15家，而碛口竟有204家，为县城的13.6倍。又据1993年《临县志·商业》，民国二十年（1931）临县全县坐商已有877家，其中县城有249家，而碛口有360余家之多，仍比县城多近50％，占全县总数的41％。碛口镇商业经济之发达，确实远远超过临县县治。而清末民初碛口经济的规模，证明了光绪年间是碛口继道光朝之后又一次大发展的时期。

光绪年间的大发展，背景大约有二：一是这时候张之洞、岑春暄大大加强了绥远开发的力度，北路贸易量大大增加了；二是五口通商和

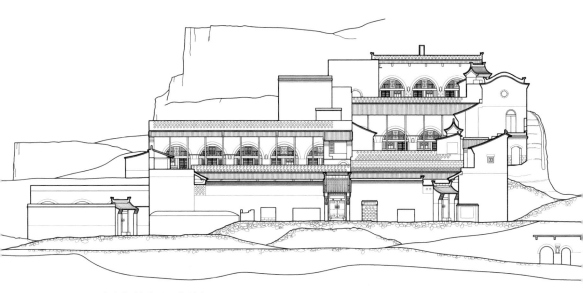

高家坪村成氏二宅外立面

李家山住宅

国内新工业兴起，东路贸易也大大增加了，碛口出现了不少专卖"洋板货"的店铺。

碑文中所见的外地商号，有一些其实是碛口人开办的，而碛口镇上的商号，则有很大一部分是临县以外的人来开设的，尤其是晋中的晋商大户。民国六年《临县志·区所》里说，临县"境内水陆不通，天时地理阻力特甚，以致民无远志，且无论航海渡关经商作工者绝无其人，即本地城镇之坐贾行商数十年前皆系客民，土人安于椎鲁，不知为也。乡民非纳粮不至城市，甚有终身未见县城者。近年民智渐开，城镇坐贾以及肩挑贸易，本地人已居多数"。这段话过于夸大临县人的闭塞落后，但外地人在开发碛口镇这样的经济中心方面的作用之大，则可以得到印证。

碛口是康熙、乾隆年间才发展起来的，以前大概充其量不过是个黄河边上的小码头，所以参与开发的人几乎都从外地来，按照晋商的规矩，外出经商的人不得携带家眷，以致这些开发者的家仍在原籍。他们每三年可以有50天的假期，探亲团圆，子女都在老家生、老家长。所以严格地说，本来就无所谓碛口本镇人，不过是在碛口开店设栈而已。清末民初碛口镇上的204家坐商中有客商79家，其中有包头18家，河口8家，河曲4家，绥德4家，府谷13家，孟门22家。此外还有汾阳、平遥、孝义、吴城、曲沃、邯郸、镇川堡、大麦郊等地人开办的。而且这些客商开的栈店都是比较大的，如天聚永和水泰祥粮油栈，德水源和资升长棉布批发店，兴隆昌烟店，世恒昌皮毛店，永生瑞茶叶、粉条店，德义升京广杂货店，兴盛韩药店等都是多年有名的老字号。其余开店的所谓本地人，也都是外乡外村的，如西湾、李家山、高家坪、寨子山、白家山、垣上等乡村。

由于都是外来人到碛口买地建商号，至迟从道光初年起，本来荒芜的碛口土地价格猛涨。有些人大量购买土地，待善价而沽之。高家坪人在碛口买地最多，很发财。据《青塘王氏家谱》（青塘村在临县境内）记载，著名的大粮油货栈荣光店的创始人王佩珩的父亲，道光年间人王居仲，初到碛口买地的时候，位于黄河边上的房基地是一片乱石山坡，原主要价500两银子，居仲嫌贵没有买。几天之后，他又来买，要价涨到800两。他仍然没有买。恰巧他在包头做买卖的长子佩珩回来，看了这块基地，立即买了下来，这时已经出价1200两。后来荣光店因为靠近黄河码头，生意十分兴隆。

王佩珩是在包头经商发财的。这样的临县人不止一家。距碛口只有五里的寨子山村有一个陈敬梓（晋之），20世纪30年代是碛口镇上最大的商业资本家，资本总额有银元十余万元。他先在寨子山本村开了裕和成粉铺，用粮食做粉条、粉皮。几年之后，在碛口西市街的"四十眼窑院"开办了裕后泉粮油行，在街面上开办了裕成泉钱庄，专营糕点、酱、醋、酒食品的裕顺居，专营京广杂货的广生源，制销木器家具的裕德厂。又和薛氏合股开办永生瑞过载行专做转运生意。在外地也有买卖，如临县三交镇的华丰号（与胡氏合伙），县城里的义聚恒（与李氏合伙），还成了榆次纱厂的股东，生意一直做到包头、榆林、太原等地。他在碛口到榆林的沿途开了大约四十家店铺。街上人说，陈敬梓家的人到榆林去，一路上都住自己家。碛口一带叫他"陈百万"，许为晋西第一富人。所以，只要有条件，临县人并不愚鲁，他们有能力开辟工商业经营的新天地。

1993年编写的《临县志》在"商业"篇中引《山西金融》（转引自1994年《临县志》，出版年月失载）的话说：30年代，"碛门镇曾是贸易往来的大驿站，有坐商三百六十余家，每天有成百上千的商人、旅客过往，其市面因之日趋繁华，日渡船只五十多艘，船工装卸货物不下百万斤。镇内有搬运工两千余人，日过驮货牲畜三千余头。全年营业额在五十万银元以上商号有十余家，集义兴和义生成药行（太原的）每年经碛口转运甘草达三百五十万公斤。每年从磴口一带航至货船不下四千余艘。……全镇有较大的粮油店两家，棉花店两家，焚金炉三家，银匠铺六家，染坊十家，磨坊三十余家，骡马店三十余家。其余为当铺、皮毛店、盐碱店、饭店、京广杂货店等。市面货币流通额达一百五十万

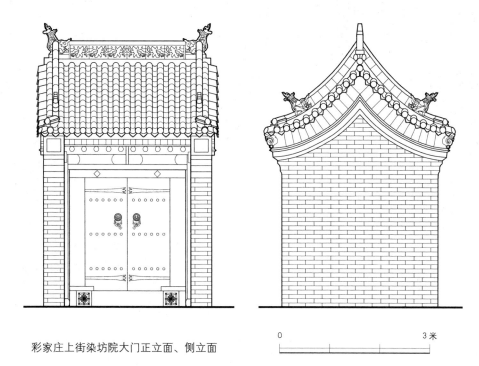

彩家庄上街染坊院大门正立面、侧立面

0   3米

银元"。虽然所举的数字未必准确可靠，但大体上勾画出了当年"小都会"的盛况。

  号称"小都会"的碛口镇，繁荣了二百年后，到20世纪30年代末，终于衰败了。衰败的根本原因为20世纪初年开始的铁路建设，最重要的是京绥—京包铁路（1909年北京至张家口通车，1922年延长至包头）和同蒲铁路（1907年始建，1937年全线通车）。这两条铁路建成之后，从内蒙古最富庶的河套地区到京津、东北和太原、晋中的客货运输就便捷多了，不必再经黄河水运到碛口转付骆驼骡马跋山涉水了。同时，又建成了陇海铁路（1904年始建，1935年从连云港到西安通车），陕南、甘肃、宁夏和东部间的往来运输也有一部分不走绥德、三边和吴忠这条路了，碛口又失去了一笔生意。

  更不幸的是日本帝国主义的侵华战争对碛口造成了直接的破坏。1938年至1942年，日寇曾反复"扫荡"碛口达八次之多，最残酷的一次

李家山窑洞住宅

竟来了九百多人。西山上村和西湾村都遭到烧杀掳掠，一些大商号藏匿在西湾村的存货被全部烧光、抢光。大批商贾被迫携资逃亡，商店大多停业。三四年间，曾是舳舻相接的黄河变得冷冷清清，难得一闻号子之声。碛口镇市面的货币流通额下降到七十多万，即下降了一半多。

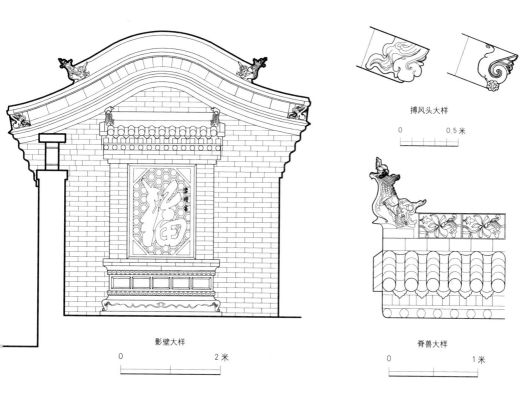

搏风头大样

0　　　　0.5米

影壁大样

0　　　　　　　2米

脊兽大样

0　　　　1米

彩家庄下街地下院影壁及细部大样

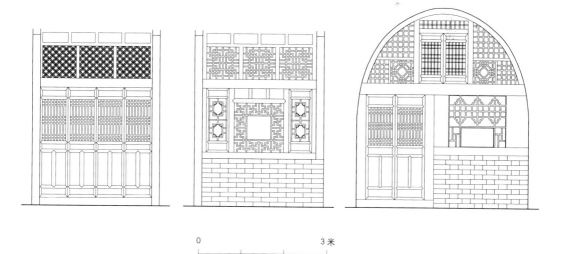

0　　　　　　　　　　　3米

彩家庄下街地下院门窗大样

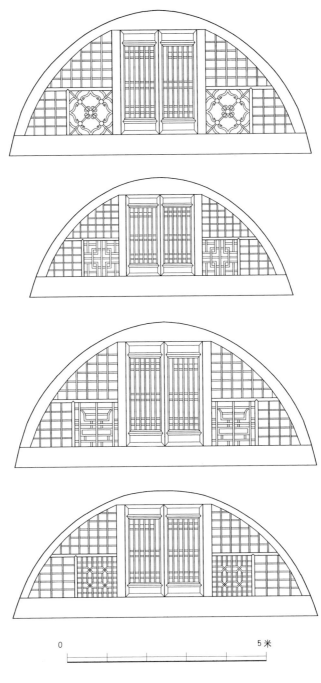

0   5 米

彩家庄上街染坊院窗饰大样

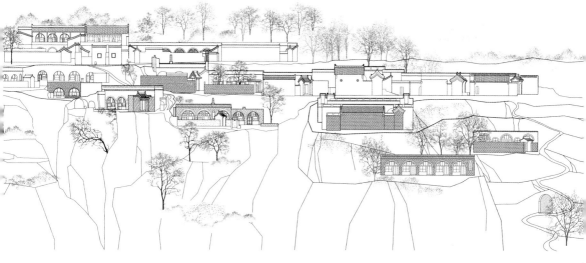

彩家庄西侧总立面

1940年，临县建立了抗日民主政权，经过政策的几次偏差和纠偏，新政府支持了工商业经营。到1941年，碛口商号由61家恢复到102家。同时办起了公营的商店。这时，碛口又成为晋西北革命根据地支援陕甘宁边区的交通要冲，布匹、粮食、军鞋、药品甚至军火经碛口源源运往陕北。大商号虽然少了，但造成一个市镇熙熙攘攘、摩肩接踵的热闹景象的小商小贩却多了。当时碛口隶属临县七区，曾任区长的陈玉凡老人（1923年生）回忆说，碛口当年连街边小商小贩在内共有商业户676家。

1947年，临县实行土地改革，由于执行了极左的政策，部分工商业户也被斗争清算，碛口经济又一次遭到打击。20世纪50年代初期，经济稍有恢复，又搞了工商业公私合营，到1956年，碛口还有私营小本生意191户，从业人员235人，资金只有42000元。当年对私营经济实行社会主义"全面改造"之后，镇上只剩一家七百多平方米营业面积的供销合作社和极少数小买卖人。1958年为了"割资本主义尾巴"，连集市贸易都停止了，直到1978年9月以后才恢复。

黄河船夫曲

碛口镇经济的基础是水旱转运业。转运业的主要内容是走水路把黄河前套和后套的大量粮食、食油、盐、碱、皮毛、草药运到碛口，然后走旱路转运到太原和晋中各县，以供当地急需，其中一小部分再运到河北、山东甚至东北各省。

水路是古代最廉价的运输方式。黄河水运主要有两种工具，一是船，一是筏子。早在乾隆八年，山西巡抚刘于义给皇上的奏折就建议用"牛皮混沌"运送归化平原的粮食到碛口。（见《历史档案》1990年第3期）奏折中说，以前陆路运粮太贵，水路上，商贩借从大青山放流木筏之便"带运米石"。但木筏"为数有限"，故带运粮米亦不多。又有商人造船载运，因黄河之水"建瓴而来，河中又多沙碛湍急，运米之船只能顺水而下，不能复逆流而上"，所以商人只得在下游把船卖作木料，很吃亏。而刘于义在兰州见过以牛皮混沌运米，"最为便捷，虽惊涛骇浪中，从无倾覆之患"。混沌，正确的写法可能是红胴。牛皮混沌，就是用剥下整个牛皮熟制而成的，充气之后有浮力，可以"以三十余混沌缀作一筏，每筏需用水手四名"。他并且做了一次试验，"于保德州买米三十八仓石，令装入混沌试运，不过四日已至永宁州碛口地方。怒浪之中，其捷如矢，见者无不惊异"。

从这个奏折中可知从河套到碛口的水运，很早便是船和皮筏并用，而船早于筏，皮筏是乾隆八年以后从兰州引进的。

不过，后来运粮食主要用船。黄河上的船大致有三种，即长船、草船和渡船。运粮食多用长船，叫"七板长船"。七板，指船的侧帮用七块板子拼成。黄河船的形制一律是"一帮二底"，即底宽为帮高的两倍。而船的长度为宽度的三倍，即"一宽三长"。长船的宽度有丈八、丈五两种，则长度分别为五丈四和四丈五。前者可装载4万斤，后者装载3万斤。油、盐、碱、畜牧业产品也都可以用长船运输。这是从河套磴口、五原、河口、保德往下到碛口的主要船种，每天到埠几十艘。

最大的船宽两丈四，也是"一宽三长"，长度为七丈二，可以装载8万斤，用来运甘草头、党参、当归、黄芪和枸杞等草药，所以叫"草船"。山西农民大量到宁夏、后套巴彦淖尔盟一带草地挖掘野生甘草头，用这种大船运输，费用低一些。因为草船多从包头下来，所以又叫"北口船"。碛口每年甘草头等草药的到埠量约七百万斤，折合下来，装一百只草船左右。草船也搭装盐、碱、黄烟、皮毛之类，所以每年到埠总数就会多于一百只。

陕北、宁夏和山西、华北之间来往的旱路运输，在碛口以北几十里的高家塌、下咀头、堡子峪等地渡过黄河，所用的船叫渡船，货、客都载。大的宽丈二五，则长度为三丈七五。"东货西运"的骆驼队大多不在碛口停留，径直走到上游三十里的高家塌、下咀头，把货卸下，装船过渡到吴堡县的岔上镇，回头第二次再运牲口过渡，在当地或螅蜊峪过一夜，次日装上货继续赶路。

最小的渡船宽六尺，长丈八，只载人过渡。

七板长船有7个人驾驶。6个人专司摇桨，分两组，每侧一组三个人，同搬一支大桨。另一个人是艄公，叫"老艄"，专管掌橹，是最有经验、有技术的，喊着高亢而悠长有韵味的号子指挥搬桨船工的操作，走准方向。他负责看水线，就是看航道。黄河河床有砂底、石底之别，砂底的河床变化大，老艄要有本领在水面上便看出变化来。有时候，老艄要先沿河岸步行考察一番之后才能行船。即使如此，长船也不敢单独航行，要结伴才敢走。老艄的职业地位比较高，上岸需要蹚水的时候由船工背着，工资是摇桨船工的两倍，大约一石小米（300斤）走600里左右。

从包头到碛口，水路1180里，平常水情要走七八天，水瘦的时候，走半个月甚至一个月都可能。晓行夜泊，三餐在船上做，无非是煮一锅小米饭，熬几只蔓菁。睡觉的时候拉上船篷。老艄则大多上岸到村子里去过夜，那里可能会有他们的老相好。船到碛口，由于大同碛十分危险难过，而且正如刘于义奏折上所说"不能复逆流而上"，从包头来的船于是都和货物一起卖掉了。碛口码头上有专收木船的人，拆掉了卖木料，木船都是柳木做的，轻而不值钱。碛口和附近山村的人用它们做棺材、做家具和建筑构件。所以说"北路无去货"。很小一部分船由船工自己拆开改装成小船，装上一些"东路货"和招贤出产的缸、盆和生熟铁器冒险过大同碛继续往下走。"草船"船身虽大但货轻，吃水浅，有些也敢往下走。过大同碛要专门请当地的老艄掌舵，这些人被称为"过碛老艄"，极富经验。他们熟悉水道和河底每一块礁石，能根据水情决定船的最大安全装载量，超过这个量的，就在碛口卸掉。

"过碛老艄"都很有名气，穿着讲究，坐在街上小店里喝茶，等人来请。但出事的仍然不少，船毁人亡，他们的命运还在一搏。

也有很小一部分从河曲以下来的船装上"东路货"和"招贤货"，由人力拉纤往上游回到保德、府谷、河曲一带去。拉纤很辛苦，一天只能走三十来里。老艄身份高、年岁大，收入也多一些，所以不参与拉纤，空身走旱路回去。大多数船工因为船已经卖掉，也要走回去，到包头去的，叫"走包"。老艄回到家之后，再等船主来邀请，船工则要靠自己出去揽活。这叫作"船工是揽，艄公是寻"。船工和老艄以陕北黄河西岸人为多，因为陕北比山西更贫穷，所以陕北汉子"吃苦耐劳不怕死"。

船有船主，叫"养船的"。下碛口的船绝大多数是一次性使用的，所以"养船"其实就是出钱造船。黄河沿岸各水运起点附近村子都有"养船的"，但临县对岸陕北吴堡县慕家垣也有一位先后曾养过三百多艘船的大船主。他养的船大多卖在附近渡口，做短途的生意。

货船常常在沿路各站卸货装货，所以船上除了船工和老艄之外，通常还有一个船主的代表，叫"把头"，负责经营业务，一路上揽货、交货。把头的工资相当于三个船工，形成"一工、二艄、三把头"的等级。货主并不随运，也不派代表，有发货单（货签），到目的地码头有货栈的人验收。把头要善于交际，熟悉市场，能跟各地"坐庄"的谈判买卖。船卸空了，买卖谈妥了，也要回去，大多起旱骑牲口。

油筏子的主要组成部分是羊皮筒和木框架。皮筒又叫"红胴"，应该便是刘于义在奏折里所说的"混沌"。红胴是牛羊割掉头颅和四蹄后囫囵剥下的皮。把它的毛翻到里面，盛上生石灰水，毛就脱落了。如果用来装油，就不必用硝熟制，只消里外都刮干净。红胴不漏水，可以当口袋装物品，如粮食、草药等，也可以用作个人泅渡时的浮筒，里面装他们脱下的衣物，吹上点气，但不吹足，有浮力而略软，便于泅渡者抱紧甚至骑上。但皮筒主要用于运油，并不如刘于义建议的用于运粮食，所以河路上的人都叫皮筏子为"油筏子"。油筏子主要用羊皮筒，不用"牛混沌"。

先把羊皮筒的颈部和三只脚的切口用麻绳扎紧，把油灌进另一只脚的切口，不灌到十分满，往里吹气，吹足之后，把口子扎紧。油轻于水，又兼有一点气，所以能浮在水面。

木框架的做法可能有几种。一种是，用柳木制成长方形整体的格栅式架子。纵向的木材上打卯口，横向的木材两端做榫头，榫卯结合之后，再用皮绳紧紧捆住，然后再用皮绳在框架上来回绑成稀疏的网。装满了油的皮筒就缚在木框架和绳网上。

缚皮筒的时候，把木框架放在河滩上，前沿紧靠河水，或稍稍探进浅水。先在贴水一边缚上一排油皮筒，头朝前，尾在后，向前一推，这第一排进入河面漂着，再缚第二排，缚毕再推，这样缚一排推一排，木框架上缚满了，筏子也就下水了。在整个操作过程中利用了水的浮力，比较轻松。一只油筏子，大体是横向十只油皮筒，纵向也是十只。皮筒的长度大于宽度，所以筏子的长度也大于宽度。讲究一点的，四个角上用牛皮红胴，因为它们比较结实，耐碰撞。瘦水期，要减少筏子的吃水深度，便在油皮筒之中夹杂几个只充气的空皮筒。肥水期，油筏子可以摞二至四层，吃水比船深。这时要在侧面加些木棍把上下几层筏子捆牢实。摞筏子的操作也在水里进行，轻巧得多。筏子上要铺一层板子，一来便于筏工活动，二来可以再放些货。

筏子的另一种扎法是，不做整体的木框架，而是化整为零，先扎成一些狭长的爬梯式的架子，绑上皮筒之后，再在水里两两相缚，成为一"扇"。这两个架子之间的连接是刚性的。六扇缚成一个筏子，连接略带柔性。

油筏子航行的时候，经常几只串连在一起，三四只一串。头上一只筏子有八个艄公，一个站在前面，管点篙（叫"蹬子"）和停航时抛锚，工作量不大，常常帮着划桨。6个人专职划桨，每边3个，桨是用皮绳套牢在一个短短的小立柱上的。另一个是老艄，负责把橹，控制筏子的方向。末尾一只筏子上搭个布篷，可以避雨，夜晚供住宿，做饭也在这只筏子上。有时候在最前面还有一只头船，寻找水路把握航线，后面也有一只船，专管救护落水筏工。筏工身上也常缚一根皮绳在筏子上，遇险可以自救。

虽然有桨，但筏子主要靠河水漂流，行程缓慢。从碛口到碛口，大约要走一个半月，水瘦的时候甚至走两个月。晓行夜宿，非常辛苦，不过收入比种地好多了，而且可以从羊皮筒里取油做"油捞饭"吃，比在家吃得好。吃菜自然十分简单，一些腌蔓菁而已。过夜更简单，"铺的水，盖的天，下雨还往石崖下头钻"。

油筏子一到碛口，卸完货，便没有用处了，既不能下大同碛，也不值得拉回上游去，只有拆掉卖木料。羊皮筒可以反复用五六次，头几次用过了收拾好，带回包头去。太旧了，便切割成细条拧成皮绳。皮绳在河运中用处很大。

油筷子的卸货其实就是把筷子解体拆掉，由搬运工把装满油的红胴先扛到小驳船上，驳船靠岸之后，再扛到货栈里去，倒进大油池里。

先把皮筒装的油倒进油池里，是因为下一步走旱路运油要用篓子装。篓子是用柳条（一种灌木的细而长的枝条，很有韧性）编的，用掺了猪血的石灰和纸浆腻住缝隙，再糊两层纸，涂抹猪油，吃透之后就不漏了。一篓能装80斤到100斤油，比一只羊皮红胴多一点。从上游用船运来的油本来就是用篓子装的，就不必倒进大油池里了。皮筒装油便于用筷子运输，篓子装油则便于贮存。民国五年重修黑龙庙的碑记里，捐资赞助重修工程的店号就有西包头的一家大义篓铺。传说祁县"乔家大院"第三代乔景仪，人称"乔财主"，有一回指令他家在包头经营粮油的店铺通和号把全城当年产的胡麻油全部买下，企图垄断市场。碛口镇西湾村陈三锡的后人陈辉章也派人到包头抢购胡麻油，见油已被通和号收完，急中生智，立即收购了市面上全部的油篓和红胴。通和号有油而没有运输的容器，不得不向陈家妥协，结果双方都赚了一大笔钱。篓子和油的关系十分密切，缺一不可。

油是碛口运输货物的大宗之一，20世纪二三十年代，碛口有油行36家，所以一曲"伞头秧歌"唱道：

> 碛口镇里尽是油，油篓垒成七层楼，
> 苦力扛来畜生驮，三天不出满街流。

黄河河道有几段河床是沙质的，叫"沙河"；有几段是石质的，叫"石河"。沙河河床常有变化，船和油筷子不免会搁浅。一搁浅，工人便要下河去扛，去推，冬天也一样。工人夏季索性赤身露体，冬天也得脱光了衣服下水，就大大吃苦了。碛口有一曲"伞头秧歌"唱：

> 绥、宁、青海和包头，船筷天天往下流，
> 买卖人发得冒了油，艄公们穷得露出毬。

船和油筏子出事故死人的事也经常发生，河上流传着一句谚语：

炭毛埋了没有死，艄公死了没有埋。

炭毛就是山西极多的挖煤工人，煤窑一塌活着就埋了。艄公出事死了连尸体都找不到，怎么埋法？由于辛苦，更由于有危险，所以船筏上有许多禁忌，限制着艄公们的言语行动。比如，不能在船头上撒尿，女人不能坐在船头上，等等。

更进一步，便要祭河神，向河神许愿。

黄河有河神，是自然崇拜的一种表现。周代《礼记·王制》里说："五岳视三公，四渎视诸侯。"黄河是四渎之一，河神的地位与诸侯相当。沿黄河有不少河神庙。船工、筏工、船主、货主都要祭拜河神以祈平安，每次船、筏开行之前，一齐在河滩上跪拜烧香磕头。航行时带着一只羊，到了某一座河神庙拜祭，拉着羊到庙里，烧香磕头表白来意之后，往羊头上泼一瓢冷水，羊一打激灵、摇头，就表示河神接受了贡品，于是把羊耳朵割破，用表（黄表纸，一种质地松软易于吸水的纸，多用于祭祀）沾上血烧掉，礼仪就完成了。然后把羊杀了，一路上煮了吃。穷困一些的，割破羊耳朵，挤出几滴血来，用手指弹进河里，就可以了。当然吃不上羊肉。碛口湫水南岸就有一座河神庙，香火一直很旺。

祈神保佑，还有一种办法是许愿，便是货主向神承诺，在平安完成一次河上货运之后，给神杀一只羊、演一台大戏或三出"愿戏"，也可以承诺捐钱"重光金身"、修庙或者建庙等等。有的时候，航行途中遇到暴风恶浪，船工们也会在惊慌中向神许愿。许下愿就不敢不还愿，但穷船工们实在无力还愿，只好向神请求饶恕，磕头烧香之后说一篇"自我批评"的话，也就过去了，神灵毕竟是宽宏大量的。

黄河水运并不是全年都有。每个冬季，从小雪到立春（有些年份从霜降到清明），黄河前后套都冰冻封河，不能航行。河口以下，不一定

在碛口经营的商人（侯克杰 提供）

封河，但有大量浮动的冰凌，航行危险比较大，船筏都很少。

夏季，船筏也要"歇伏"，因为伏天常发洪水，当年对气象所知甚少，难测的洪水很可怕，便不发或少发船筏。正好这时候骆驼也要避暑，以致碛口商界有一句谚语："杏黄麦熟买卖稀。"

山西巡抚刘于义在乾隆八年（1743）的奏折里说：黄河船筏"一岁中止可运六个月，三月、四月、五月、七月、八月、九月可以运米，惟六月中风涛太大，十月以后天气寒冷，难于转运"。这种自然条件造成的河运情况，几百年里始终没有变化。

吕梁山里的驼铃

　　黄河上来的"北路货"，到碛口上岸，"过载"之后，就要改用被称为"高脚"的牲口走旱路运输了。实现这个转换的，一靠商号，二靠搬运工人。

　　搬运工人被称为"闹包子的"或者"扛包子的"。这些苦力都是衣衫褴褛的穷光蛋，也被人叫作"爬河滩野鬼"。劳动又苦又累，肚子里却没有多少食物，为了强打精神，不少"野鬼"染上了大烟瘾。年老力衰的，不得不由妻子儿女帮助着扛起沉重的货物。到了擦黑，拿一天干活的计件凭证——木签去结算，往往要等到三更半夜才能领到工资，赶紧到专做这些人生意的小贩手里籴点儿粮食。不过身强力壮的，在旺季一天能挣三四升米，特殊日子能挣一斗多，勉强够养活四口之家，比种地强一点，所以"野鬼"们也挺知足，说："一只羊有一摊草，一头猪嘴上顶三升糠。"

　　闹包子的苦力都是邻近农村的人，早晨来，晚上回去。卧虎山上黑龙庙背后的西山上村，都是岩坂，几乎没有土地可以耕种，青壮年们几乎全到碛口码头上当苦力。他们偶然也在贫瘠的岩坂地里劳作，远远望见黄河上来了船，便赶紧丢下锄头跑到码头上来。

　　扛包子并非天天有活可干，干一天领一天的钱，干不上，吃饭就难。扛包子的到老娶不上媳妇的多了，娶了也是苦一辈子。西山上有个扛包子的娶了个媳妇，掏了两孔土窑住下，捡了别人扔掉的半截破缸盛水，炕上连席子和褥子都没有，买一把米吃一顿饭。媳妇一个劲地埋怨生活太苦，他却顺口来了几句："不喝隔夜水，不吃虫蛀粮，天黑不用摊铺盖，天亮不用拾掇炕。"这般小故事或许是扛包子的苦力编来勉强安慰自己的。

扛包子的活不是任何人想干就可以干的。在商会安排下，他们组织成队，队下有组。每天上班报到领号牌，货船来了，按号上工。做一趟工，拿一块木签，晚上和组长结算。商会包下他们的税，税由组长统一缴给商会，商会再缴给厘金局，苦力们自己不管。组长当然在每天结算的时候已经从进货的商号手里拿到这些钱了。

河上来的货物要进货栈存放。沿黄河岸的后街，从黑龙庙下方到北端的锦荣店，山脚下一溜儿排着十几家大货栈。它们前面的院子和街面相平，后面的就一层一层上了山坡，道光年间造的荣光店竟有五层之多。闹包子的把货物扛下船，过河滩，登上陡峭的码头坡道，到了后街，找到货栈，再走几十级石阶，一路上转弯抹角，极其艰难。一毛口袋粮食和盐有120斤，制得方方的碱锭有40斤，一红胴或一篓油有80斤上下（每斤＝0.59公斤），闹包子的每个人扛着一件、两件或者两人合抬两件怕碰撞的油篓，喊着沉重的号子，杭育，杭育，把货物一件一件送进货栈放妥。他们的双脚已经把山脚下的石板小巷子磨成了沟。下雨天，山水顺巷子冲下，大概都成了咸的，那里含有太多的汗。

每一家粮油货栈，门框上，廊柱上，墙角上，都凝结着厚厚的一层坚硬的油皮，有的竟有五六毫米厚。它们深棕色，像老松树皮一样布满了裂缝。扛油皮筒的苦力进了库房，要把皮筒解开，把油倒进油池，难免沾一手油，他们顺便一伸手把油抹在那些地方，两百多年，终于形成了那一层厚厚的油皮，又变得那么坚硬，像化石一样。那真是化石，是碛口繁荣的历史所化，是闹包子苦力的血汗所化。

货栈的经营主要有两种方式，一种是"坐庄"，买下一批批的货，通常是赊购的，然后再待价批发出去。这叫"赚回头钱"，货栈老板不必备下本钱。不过赊销有时限，而且老板要自负盈亏，有风险，所以吃货需要眼光，懂得市场行情。另一种叫"吃过水面"，就是在货主和买主之间做中介，过手便收手续费，叫作"过载"生意。不过栈行老板要负责保管好货物，货物受损老板要全额赔偿。"吃过水面"的过载店也看准机会"赚回头钱"，二者之间的界限并不十分明确。

在碛口之外，侯台镇也有几家货栈。

从货栈出来的货物，不论是批发的还是中介的，一般都走旱路向东运输，"东货西运"是少数。运输多靠畜力，便是骆驼和骡马。山西人把骡、马、驴、骆驼统叫"高脚"，这话很古老了，汉代《古诗十九首》里就有"何不策高足，先据要路津"这样的句子，"高足"岂不就是"高脚"。驴子比较贱，但力气小，只能驮几十斤，所以很少用，只用来驮南沟镇出的煤。骡子能驮一百多斤，但脾气大，不驯服，一个人只能管一两头，成本太高，多用在走近路，跑招贤运输缸、盆、生熟铁器。长途运输主要靠骆驼，它们力气大，可以驮三百多斤，而且母驼和阉驼老老实实，一个驼工管得了五六头，一天能走60到80里，可以连续多少天地走，特别适合于长途运输。骡子要多吃细粮，而骆驼只需吃少量细粮；骡子要有厩房料槽，而骆驼只在露天养，干草往地下一扔，它们自己就会叼着吃，这也是养骆驼比养骡子合算的优点。

骆驼都由碛口附近农村里的人畜养。一家喂养一二峰三五峰，镇上有经纪人接洽生意。有了一标生意，便组织若干峰，由主人赶着，成伙上路。

但碛口镇上和它东侧的西头村也有比较大的骆驼世家。从西云寺往西，前市街的北侧，一连排着七座大院，都是骆驼店，其中东头第三个院子，是陈家开的。大约在道光年间，西头村的陈协中，在这里开了个"天星店"，起初是骡马骆驼队的宿店。这店占地六亩多，正面六眼窑，进深很大，在中腰分为前后间，前间临街做买卖，后间面对院子做宿店。院子一直伸展到卧虎山脚，两侧造厩房拴骡马，够拴百把十头。院子露天地能卧上二百多峰骆驼。就地用木棍拦一拦，放些干草，骆驼跪着吃草、反刍、睡觉。天星店草料充足，服务周到，诚实可靠，脚夫们有话："住店要住天星店，伙计殷勤吃喝贱，货物堆下多半院，丢不了你的一根线。"陈协中的五个孙子中，老大陈逢时、老二陈新时开始自己养骆驼，最多曾养了上百峰。陈逢时的立字辈十个儿子都养骆驼，这就是远近闻名的"十个儿家"。十兄弟和他们的堂兄弟一共28个人，养骆驼一千峰左右，占碛口镇及周围地区骆驼总数的一半。从这一辈起，不办宿店了，专跑运输，天星店先后改名为大星店和三星店。天星店以东、西云寺往西第一家，也是个大骆驼店，占地四亩三分三，叫义和店，店主姓薛，同样是西头村人，自养七十多峰骆驼。沿街的房子和天星店的相似，院子两侧也造了骡马厩。不同的是大院子深处还接一座四合院，十分宽敞，两层的房子，既当货栈，也当宿店。它同时经营过载生意。这些大驼户得雇很多脚夫，但年轻子弟也都要参加赶脚。

黄河边和街上的货栈要发货了，便雇来骆驼或骡子，骆驼到了货栈，在院子里跪下，脚夫往它们背上先垫驼毛填充的驮鞍，再放木头做的驮架，再往架上装驮子，就是装货。装妥了，一拉缰绳，骆驼便立起来上路。骆驼还得背着路上的一部分精饲料，每天5斤黑豆1斤盐。干草之类的粗饲料通常在沿路的宿店里买。

骆驼队上路，一般都有几十峰一起走。每五或六峰为一链，一名脚夫拉着第一峰头驼，后面的骆驼一峰接一峰把缰绳拴在前面一峰的驮架上。最后一峰的驮架子上吊一只一尺来长的铃铎，走一步一声响，走在前面的脚夫不用回头便知道这一链骆驼是不是走得正常。铎声喑哑，像木头相击，所以骆驼又叫"橐驼"。

从碛口走旱路赶牲口到太原和晋中，出西头村东口之后五里，先经过侯台镇，再五里到樊家沟村进沟，顺沟到南沟村，又三十里到梁家岔，然后走上海拔1500米的王老婆岭，过岭便是离石。再从离石走七十里到吴城，向东出吕梁山不远，一马平川直抵汾阳。骆驼队一天走六七十里，从碛口到吴城镇要走整整三天，晓行夜宿，一路上经过些村子，每个村子都有供牲口过夜的宿店，大门口挂一把干草做标志。脚夫们不识字，看见这把干草就知道是宿店。店里有块空地给骆驼跪下，卸掉驮架子，吃草料。为了保持体力，要给骆驼每天吃些精料，就是黑豆，还要吃些盐。黑豆和盐装在布口袋里，套在骆驼嘴上，让它慢慢地嚼。脚夫们自己吃点干粮，过后进屋上炕。炕上都只铺着一块席子，丢着几张羊皮，脚夫们累极了，躺下，拉一张羊皮胡乱盖一盖便过一夜到鸡叫。小村小店连院子都没有，骆驼就跪在屋门外，驮架子用根木棍支着靠在墙上，都平安无事。脚夫们一路非常辛苦，俗话说"拉骆驼的赶脚的，裹搂锅的打铁的"，都是最苦的人。但他们收入还比种地的好得多，养一头骆驼便可以养活四口人的一家子，勤快能干的，几年之后有可能攒下钱自己买几峰骆驼。

从碛口来的驼队，大多在吴城和汾阳过载给当地的驼户后就驮着东边的货物回去了。"东货西运"远远少于"西货东运"，所以回程的骆驼有无货可驮的，于是脚夫便可以骑上赶路。把缰绳往下一拉，骆驼便垂下长长的脖子，脚夫一手扶住驮架子，踏着它的脖子，它把脖子一扬，脚夫顺势跨上背去。骆驼是双峰的，端坐在双峰之间，后有靠背，前有扶手，很稳当，可以一路打瞌睡。走熟路，骆驼自己认得怎么走。

当年旱路上很平安，只有运鸦片和银钱的时候才要镖师保护。镖师属于镖局，碛口街上有"十义镖局"，镖师们个个武艺高强，从来没有失过手。这一带男子汉都练得一身好武功，赶脚的自己会几下子拳脚，能舞棍弄棒，一般响马并不敢下手。

骆驼怕热天，一过立夏全身开始脱毛，直到只剩下脖子上和腿上有毛，还得人工剪掉。夏季骆驼极易得病，死亡率很高，每年从夏至到白露都要"下场"避暑大约三个月。这时养驼人合伙把它们赶到山上凉快的草场放牧，给它们身上满涂一层用柏树皮、柏树籽熬的黑油，防灰蝇叮咬。灰蝇咬了会溃烂。养驼人自己分为三拨，一拨照料牲口，一拨负责饮食，一拨用脱下的驼毛捻成粗线，缝补运货的毛线口袋和驮鞍。日子过得很轻松。骆驼"下场"的季节正逢黄河上的船筏"歇伏"，碛口街上人说的"杏黄麦熟买卖稀"，就是这个时候。一年有几个月"买卖稀"，店家的管账先生便忙着结账，伙计们跑外了解商情，掌柜的策划下一阶段经营，并不坐吃。

不过，对于赶骆驼的人家来说，夏季的休闲期倒还有点儿意思。不知是偶合还是经过有意的调适，夏历六月二十三日是马王爷的神诞日。人在很长一个时期里要依靠动物才能生存发展，不但"茹毛饮血"，且要它们提供劳务甚至忠诚和牺牲精神。在各种动物中，最全面地服务于人的是马。出于对人本身生存和发展的关怀，产生了对和马有关的神道的崇拜。早在周代，中国人就有春季祭马祖的制度，并且以天驷星代表马。接着就崇拜驯化马匹和教人驭马之术的先牧神，祭祀在夏季举行。秋季祭马厩，冬季祭保佑马匹无病无灾的马步神。夏历六月全国各地所祭祀的马王爷，显然就是先牧神，正是他使马为人服务，奠定人与马之间最重要的关系。另一种意思相近而细节有差异的说法是，马王爷是司马之神，叫"水草马明王"，本是汉代匈奴休屠王太子金日磾，降汉之后，武帝封他为马监，忌日在六月二十三日。后来，民间渐渐把马王爷的影响扩大到各种使役的"高脚"牲畜，包括骆驼。

碛口镇附近村子的养驼户，每年从六月二十三日起，各家依次轮流请盲艺人说书三天，一说就说到白露节气，"下场"结束。不过这时候最辛苦的驼工却在山场上，并不能享受到这种娱乐，能享受的倒是也在休闲状态的农业户，这或许是养驼户对农业户的报谢，谢他们在驼队运行时期对家属的关照，很有人情味。

旱路运输全靠牲口，但牲口要有路可走，修筑和水路配套的旱路是必不可少的大事。首先当然是修筑碛口通往离石，然后到吴城再到汾阳（即汾州）、太原的道路，其次是修筑从碛口沿黄河东岸到索达干、高家塌、丛罗峪、孟门、军渡这些到陕西去的渡口的道路。临县在吕梁山区，山高沟深，地形破碎，人少兽多，村落贫寒，这两个方向的道路都很艰险。

明人黄素屏《宿吴城驿》诗有句：

> 层层鸟道乱山多，白草黄芦遍石坡，
> 绝壁倚空临积雪，飞流直下激回波。[①]

清人顾山宏《离石行》有句：

> 村落八九长荆杞，鸡狗无声鸟雀死，
> 黄狐直立官道旁，白狼跳梁入城市。[②]

在这样的环境里修建道路，工程之难，所费之巨，都要求极高极强的献身精神。而工程竟大多依靠"乡贤"们作为"义行"来捐助，志书里多有记载。光绪七年（1881）《永宁州志·孝义》载："陈秉谦，三锡之子，恩贡生，有父风。郡守徐公令秉谦修黄芦岭官道，秉谦慨然独任。除捐己赀外，竭力经营，逾年而工竣。"黄芦岭在吴城东北，是吕梁山区赴太原的主要孔道之一。这位陈秉谦是乾隆朝人，他的父亲三锡，就是最早开发碛口的人。三锡开辟了碛口的水路，秉谦开辟了碛口的陆路。修黄芦岭官道，显然也是朝廷以口北粮食接济晋中的措施，和刘于义以"牛皮混沌"运粮到碛口的措施相应配套。又如民国六年（1917）《临县志·乡贤》里有薛兴魁，西坝村人，"见善勇为，尝修招贤瓷窑沟十余里之路，又修石梯子山往来离石之孔道，裹糇粮，携器械，汗流浃背，戴星往还。越三年而工始竣"。又有高守容，埝头村人，"尝修南沟通离石故道"。南沟村产煤又产铁，正是从碛口去离石必经之地，在湫水一条三十余里长的支流切割而成的山沟里，这条沟在樊家沟村外注入湫水，樊家沟在碛口东北八里，距侯台镇只有三里。

①② 引自光绪七年《永宁州志》。

从碛口沿黄河向北走十里鸟道可抵索达干，民国《临县志·山川》描述这条路"东依千仞石壁，西临黄河，车不方轨，为近碛口之隘道"。过索达干北去十里外的高家塌的中途，一个急转弯处矗立着三块石碑，三块碑都是高家塌人立的，两块在路边，叫《新修高家塌东三重崖石路碑》，一块嵌在石壁上，高于路面大约三四米，叫《公赠高氏三重崖修路碑》。高家塌是秦晋大峡谷里的一个重要渡口，对岸是陕西省吴堡县北端的岔上镇，去葭县的螅蜊峪只有10里。从螅蜊峪可经米脂到绥德或榆林，然后一条路从神木出关到包头，另一条路可经靖边沿长城西去安边、定边抵达宁夏的银川。高家塌渡口对秦晋两省和内蒙古都有重要的经济意义。

三块碑都立于乾隆四十年（1775），记述乾隆三十九年（1774）起修路的经过并颂扬捐助人的功德。碑面已经剥蚀，但主要内容仍可以读出。崖壁上的碑文比较短，先说到修路的重要性："三重崖当大河之滨，左达晋之汾郡，右至陕之葭、绥等处，亦通衢也。"然后述路的危险和这次修建的经过，最后说：修成之后，"一旦变为坦途，熙熙攘攘，来往……（残缺）者孰不食其福而歌其功"。路边的碑很长，主要说："高家塌境接西秦，……（残缺）之东有路曰三重崖，傍山临河，险隘迫……（残缺）多沟壑，沟壑中之径尤极陡峻迂折，洼邃岈嵯，遇暴雨……（残缺）往往有坠河而葬鱼腹者。"下面说村人合议并捐助情况，接着说："公（名已缺）乃指示方略，其迫狭不可为者则实傍空以广之，其迂……（残缺）者则削危崖以直之，其沟壑中上下陡峻不能相……（残缺）一桥曰通津，以其通山陕之津……。"截弯取直，去高填低，加宽路面，遇沟建桥，看来工程既大，而设计又巧。

从碛口渡湫水沿黄河东岸往南赴孟门、军渡，也有一条从山崖边上过的险路。险路便是纤道。下游上来的船虽少，来则必须拉纤，拉纤的人就是船工，多半年里，拉纤的时候都一丝不挂，赤身露体，双脚暴起粗粗的青筋，脚趾像铁钩一样嵌进石板里。上身背着纤，深深地弯下腰去，挣扎着前进。纤道外侧，有些岩石竟被纤绳勒出了一道道沟，沟多

当年的骆驼院之一，至今保存完好（林安权 摄）

而深，这纤道的年头也不短了。中途小垣则（子）村附近有一块碑，字迹已不可辨，隐约可见"道光"二字。还有一块小垣则村和小垣则后村合立的民国七年《新修长虹桥碑》，碑记说："开工于清明节前，告竣于大暑节后，……而卒能臻此美善者，虽属主事诸同人跋山涉水任怨任劳所□□，实赖好善诸君子仗义疏财，同心同德所共成也。"

造就碛口兴旺的固然是两水一山的自然条件和商家的苦心经营，但垦荒塞外，复冒风浪于洪波之上，辟鸟道于丛山之间，没有先人开创之功，哪有碛口的历史辉煌。现在，在黄河震耳的浪涛声中，看到这些遗迹，遥想当年，还不能不肃然起敬，感念不已。苍莽大地，河声岳色，何处不洒满汗和血。

精明而诚信的经营者

碛口镇是个水旱转运码头，它的经济围绕着这个轴心发展。街上商号几百家，最重要的是栈行、过载店和骡马骆驼店。经营规模最大的是六大行业，即粮食、麻油、盐、碱、皮毛和药材，多半是经黄河从甘肃、宁夏和内蒙古运来的。那些商号经营着坐庄收购、仓储、批发、中介、托运等业务，是碛口街经济活动的主干。[①]

有一曲"伞头秧歌"唱：

> 黄河上天天来货船，店铺里生意做得远。
> 碛口街洒着一层钱，没人肯弯腰把它捡。

给大商号的经营配套的行业有钱庄、当铺和焚金炉，这些都是晋商拿手的老行业。民国年间中央银行、山西省银行和天津的一家私营银行曾经在碛口开设分行。当铺都放高利贷，俗话说："富人出本，穷人出利。"钱庄也有"对本利"，就是借钱十个月之后就本利相等。还有一种

---

① 2000年夏季根据现存184家原有老店面上推过去的营业，计有经营北路货和西路货的粮油行27家、皮毛批发店5家。经营东路货和洋货的原铁器、粗瓷器、绸缎、煤油、西药、染料等商店集中在中街和二道街，已于20世纪40—70年代陆续被洪水冲毁，遗址无从探寻。

借贷"在家倒扣利，出门见风长"，即借一笔钱，拿到手的时候就已经扣去了一定期限的利息，而余下的利息还要随行情，看涨不看落，常常是"刮一阵风，长一回利"。

碛口的大钱庄叫"世恒昌票行"，它发的"钱帖子"，上面印了个"昌"字，在兰州、银川和西安等地可以当作货币流通，还在天津、汉口、汕头等地设了分号。镇上有些资本雄厚的大商行，也可以自己印些类似钱币的东西在镇上使用，发行量由商会审定，根据不同情况，不超过资本的百分之五至百分之十。

焚金炉的行当是把散碎银两，甚至银屑，归拢来熔化之后重新铸成一定重量的银锭，便于使用，也便于贮存和携带。碛口至少曾有三家焚金炉。日本侵略军进攻碛口，碛口商会会长陈敬梓（晋之）外逃陕西，日军在寨子山他家挖出过三十两和五十两的银锭。1947年土地改革运动中，又挖出了六十两一锭的。

由于交通方便，资金和原料充足，碛口也渐渐有了些手工业。民国三年（1914），义盛泉、两盛泉和复盛泉三家兄弟糟房生产的白酒驰名全县。临县从民国九年（1920）才开始种棉花，各村子兴起了土纺土织，棉布产量很大，于是催发出了染布行业，比较早的有"义成染"。民国初年，曾在临县南部推广蚕桑，到1930年代，街上建立了丝织作坊。几乎同时开设了皮革作坊。被称为"晋西第一富"的陈百万陈晋之，曾在碛口开设糟房（用粮食制酒）、粉房（用绿豆和马铃薯制粉丝、粉皮）、醋房和酱房。糟房和粉房就设在"四十眼窑院"里。用糟房制酒剩下的糟喂猪，是他发家的途径之一。

碛口本镇的坐商和四面八方涌来的行商、手艺人、店伙、船工、搬运工、赶脚人等等，天天都有好几千人在碛口生活，为了满足这些不同社会地位、不同经济阶层、不同生活方式和不同教养的人以及附近村子里的人的不同需要，镇上开设了许多商业和服务业店铺，有旅店、饭馆、黍作店、食品店、熟食店、剃头店、澡堂、花纸店、文具店、药店、成衣铺、鞋帽店、烤饼店、京广杂品店等等。还有一种香纸店，卖香烛、黄表纸、鞭炮等拜神礼佛、婚丧喜庆的用品，过年的时节也卖门联、年画之类。为拉骆驼的和赶骡马的投宿，开设了骡马骆驼店，附近还有专门钉马掌的店铺。外来的客商可以住在有业务往来的货栈、批发行等场所，也付一定的费用，年节、端阳节和中秋节三大节前后几天可以免费。

据1994年《临县志》，临县的烧饼质量很好，清道光二十一年（1841），江苏进士黄廷范来临县任知县，带来袁枚的《随园食谱》，把其中的"烧饼法"介绍给临县烧饼师傅。经过多年加工改造，品种有油旋、酥饼、糖饼、油丝饼、起面饼、油锄片、糖火烧等。碛口街上的这些烧饼质量都属上乘。一则"伞头秧歌"唱：

> 碛口街上好吃食，臊子碗饦刀刀划，
> 红印印饼子撒芝麻，牛蹄蹄馍馍热油茶。

晋商的传统，不论坐商还是行商，一律不得带家眷，所以起初市面还比较朴素。清代末年，规矩破了，街上有了些住家，妇女多了一点，于是，又有了金银首饰店、绸布店、丝线店、铜器店、搪瓷玻璃店、瓷器店等等，还有一家专门从天津进海货水产品。

受到"五口通商"的影响，从光绪朝起，碛口街上开了一批洋货店，专卖被称为"洋板货"的舶来品。"洋板货"中有洋皂、洋袜、洋火、洋布，还有美利坚煤油（洋油）、德国染料、法国的法兰绒、英国的华达呢和直贡呢、日本的仁丹、眼药等等。光绪十八年（1892）甚至有了卷烟厂。因为当地人吸惯了水烟和旱烟，卷烟产出初时，没有销路，卷烟厂不得不赔本推销，在街上大量免费赠送才打开了市场。民国时期开了照相馆。作坊里也引进了一些洋织布机。

作为一个人烟杂沓的水旱码头，当然少不了大烟馆，出售烟土，店里设烟床、烟灯，主顾多是船工、脚夫等外出卖苦力的人，据说抽大烟能使人解乏、兴奋，提高短期内的劳动能力。由于鸦片战争失败，英国的鸦片进口失禁，大量充斥于市场，所以鸦片被称为"洋烟"，洋烟价廉，抽鸦片的多了起来，叫作"洋烟鬼"。

和所有繁华的水旱码头一样，碛口也少不了烟花店，便是暗娼①。她们都是外地人，被逼、被卖或者在当时环境下没有别的活路的。街上的坐商规矩很严，决不许店里的人去嫖娼，但后来也有人为了做买卖而招待客商去逛的。去的人大多是外地来的客商或坐庄的，只身一人，没有拘束。更多的是河路上的艄公，他们收入比较多，惯于拿生命冲险犯难，所以性格比较放纵一点。

零售商业和服务业大都是附近村落的人做，如西头村、樊家沟、冯家会、垣头、垣上等村的人，他们都算本地人了。也有外地人做的，如药业为邯郸人，照相馆为河南人，烟丝店为兰州人，等等。大商号的伙计和学徒也多是本地人，但东家、掌柜、管账先生则大多是外地人。道光二十七年（1847）黑龙庙碑上芳名录中的碛口镇六十余家坐商里，有平遥的19家，汾阳的3家，柳林的8家，孝义的3家，双池的2家，大麦郊和吴城各1家，占全部的55%。民国五年（1916）登记的204家坐商里，店东为外地人的有八十多家，大约占39%，本地人开设的大商号则有德盛泰和广生源两家百货行。更早，一百多年前，清代中叶，李家山的东财主李登祥在碛口开的德合店、万盛水，西财主李带芬开的三和厚，也都是相当大的商号，可以和西湾陈氏在碛口开的店比美。更晚一些，到20世纪30年代，寨子山的陈懋勇、陈晋之兄弟在碛口开的商号和作坊就更多了。本地人终于渐渐学会了贸易之道。一曲"伞头秧歌"唱：

> 陈家的生意做得远，榆林包头和三边，
> 大洋元宝铺满街，垒墙用的是金砖。

有相当规模的商号，从店东到学徒，人数能达到几十人，他们内部

---

① 据1940年代曾任临县七区（前临县三区和离石四区合并而成）区长的陈玉凡统计，当年曾有暗娼67名，都是"单干户"。

有制度化的组织和分工，有严格的行为规范。

一座商号，东家（则东）是第一号人物，他出资开店，拿"银股子"。但东家不一定实际管理店务。管理日常业务的是大掌柜，东家可兼当这个角色，也可以委托别人来当。大掌柜的身份很高，他要为人正派，名声好，精通业务，有领导能力。往往东家计划开店的时候便把他请来一起出谋划策。包括给商号起名字，定经营方向等。东家请大掌柜是关系到生意成败的大事，十分隆重。街上传说，碛口最大的转运粮、油、盐、碱的大字号之一"串心店"，有四个掌柜，六十多个伙计，大掌柜是高家坪人成丕胜。他睡在热炕上，被褥松软，却天天晚上不能入眠，这情况引起了误会，东家把他辞了。二掌柜升了正，接连三年都赔生意，三掌柜接上也不行。东家不得不去找成丕胜，他正在田间休息，躺在土疙瘩堆上睡着了。东家怪他为什么在店里睡不着觉，他说：一心扑在字号生意上，几十号人该干什么，怎么干才赚钱，思来想去，怎么睡得踏实。

大掌柜之下有二掌柜，有些店还有三掌柜，大店最多到四掌柜。他们是大掌柜的副手，各自分担着一个方面的工作，负有责任。中层管理人员主要的是管账先生，一般有两位，分别保管钱财和保管什库。他们精通业务，勤奋而忠实可靠。管账先生不可以是东家或掌柜的家里人或亲戚，必须从外面请来。两位先生也不能是一家子。聘请好的管账先生是大掌柜第一件要费心的事。掌柜和管账先生可得"身股子"，就是在议定的工资之外，还有议定的"股份"，参与经营利润的分红。他们收入的多少和店号的经营成绩直接发生关系。不过，如果掌柜和管账先生离开店号，"身股子"自动失效。一般情况是，大掌柜身股子为一分利，二掌柜八厘，三掌柜六厘，四掌柜四厘。管账先生的身股子要个别商议，没有定例。

管账先生下面是伙计。在栈行业的商号里，伙计分两大类，一类是营业员，站柜台接待顾客，要热情、精细、礼貌周到。客商进门，先请坐、斟茶，然后才能问客人来意。另一类是推销员，跑外的，街面上熟，有人缘。有时要到外地出差接洽买卖，还可能在外地定点坐庄，就是代表本商号驻外地收购或批发商品。他们要精通市场情况和经营之道。外派坐庄的，不得带家眷，三年能回家一次，给假30天至50天。老资格的伙计有的可得"身股子"，到了这一步，便也被笼统称呼为掌柜，或者"二把刀"。

伙计之下是学徒，叫作"苏金的"。学徒专司提水送茶、打扫卫生、倒夜壶等杂役，由管账先生不时给他们讲讲有关业务各方面的知识。学徒工作一年至三年以后，表现好的，会提升为伙计。为了争取提升，学徒必须勤快、乖巧，会讨好伙计。是不是善于交接人，善于学习，是伙计"表现"好不好的一个考核指标。年底腊月二十七放假回家休息的时候，管账先生告诉他年后还要不要他回来继续工作，如果要，就说明年正月初六按时到店。如果不要了，就说明年"请到别处喝茶"。万一被解雇，这个年轻人在碛口街上就很难再找到工作了。不过解雇的事极少发生，因为当初录用的时候，一要街上头面人物举荐，二要经过掌柜的"相面"，即面试。录用既严，不中意的便很少了。

伙计和学徒都是附近村子的人。1940年代，伙计的工资大概是每月9—15元，学徒只管饭吃，没有工资，给客人端茶水，可能得些小费。过年的时候，回家之前，掌柜的给学徒一包年货带回家，一般是烧肉、炸豆腐、粉条、面粉等，并给6—8元白洋。如果辞退了，另加20元左右的安家费。有些店号，学徒从第二年起便有一厘的身子股，这个份额不小，所以学徒都得老实卖力，力求不到别处去"喝茶"。出差做推销工作的伙计，不报销旅差费用，由掌柜的根据他的业绩给钱，一般总是比实际用的多一些。

上起掌柜和管账先生，下到伙计、学徒，一律住在店里，不得带家眷，东家和掌柜的住在院子正房里，管账先生住在账房里，有两个伙计陪着，以防万一有宵小侵入。别的伙计和学徒在店堂里搭铺睡觉。伙计和学徒每年春节回一次家，腊月二十七走，正月初六回来。初七日叫"人齐日"，这一天大家都到了，店东要说说话，交代些情况，中午大吃一顿，便正式上班开张了。外地来的掌柜、管账先生和出外坐庄的，三年才回一次家，一次五十天假期，以致有民谣："嫁女不嫁买卖人，一辈子夫妻二年半。"

经营商号，第一要讲究的是诚信。发货保质保量，手续一清二楚，托运找最可靠的脚夫。店里来了客户，要保证他们生命和财产的安全。"好店不漏针"，客户的财物一丝也不能少。财务往来，结算货款一定要提前，欠人的不能拖，即使遇到战乱，也必须竭尽所能去偿还。所谓"账不过夜，债不过年"。20世纪30年代某年年底，在全盛栈坐庄的太谷广升誉的客人回去了，栈里结账，发现欠广升誉一大笔钱。为了不留隔年债，二掌柜薛步琛昼夜步行赶到太谷，在除夕把款交清。1938年，日寇侵占碛口，全盛栈被迫关闭，薛步琛带三千元大洋到了陕北的岔上镇，在那里把欠顺德府（河北省邯郸市）某店的钱寄去。兵荒马乱仍不失信誉。

不论是掌柜、管账，还是伙计、学徒，衣着打扮、言行举止，都要讲究派大方，有礼貌，有风度。伙房的大师傅也得精打细算，不但要看人头数下锅，还要了解客人当天的工作，估准了他们的胃口好坏，不可以浪费一口粮食。

掌柜和管账先生，身上从不带银钱。银钱账和货物账天天晚上结清。伙计和学徒工回家过年，临走之前主动打开小包袱给管账先生过目。所有人的家属都不得进店。分给掌柜和管账先生的日用品等等，由伙计送到家里去，家属不可到店里来取，也不可由掌柜和管账先生自己取。

商家普遍订有店规，一般都有几条如：不抽大烟，不赌钱，不串窑子，不泄露生意机密，不搞个人小生意。不过，店堂里有烟榻、烟灯，顾客可以随意享用。不可得罪顾客，也不可要求他们遵守本店店规，所以大掌柜难免要陪顾客抽一口烟，但二掌柜以下不许抽。

店家行为要端正，树立声誉，晚上如有必要出去，必由小伙计提一盏油纸灯笼，灯笼上用朱红的大字印着店号，表示来去都受街上人监督，光明磊落。一交二更，全镇宵禁，大家熄灯睡觉，只有账房先生那里才会有灯光和算盘响。

碛口街上还有一种特殊的职业者，便是邮差。由于碛口对外地的贸易比较发达，所以很早便有了邮递和电信，甚至远远早于临县县城。清末光绪三十年（1904），碛口设了邮柜，叫"大清邮政代办所"，由商号代办。只办信件，不办包裹和汇兑。外来的信件，放在代办商号的柜上，不投递，而是托人通知收信人来取。光绪三十二年，汾阳到碛口专设邮驿路，有专人传递。民国六年（1917），碛口镇正式成立中华邮政局，由西安邮政管理局代管，比县城早了整整二十年。据1994年《临县志》，当时邮差规定负重一千两（合37公斤），月薪16元7角5分（银元），发给绳子一条，扁担一条，油布一块。身穿绿背心，前印"中华邮政"四字，后印"邮差"二字。过河过桥，邮差先行，行人让路。每日一班，风雨无阻。

民国十一年（1922）离石至碛口开设马步邮路。民国二十三年，碛口邮局又开设碛口、临县、兴县、岚县邮路和碛口、孟门、军渡、绥德邮路。而临县县城到民国二十六年（1937）才成立中华邮政局。

1946年时，碛口邮局为三等，设邮务佐一人，邮工7人，昼夜兼程。邮工负重50市斤，每日步行行程60至80华里，自行车行程120至160华里，不论有没有邮件，都按期发班，不得停止。有急件送一百里外的离石（永宁州），一昼夜就得往返。

全盛栈的掌柜薛步琛年轻时当过邮差，他身穿邮字护心马甲，肩挑长扁担，扁担梢上挂个麻油灯笼。走在路上，饿了，随便敲开一户住家的门，说声"邮差讨碗饭吃"，一定会受到盛情接待。晚上需要给灯笼添油，不管向谁家讨，都会立即端出油瓶来。有句民谣说：邮差"大水不冲狼不吃，遇上强盗不抢劫"。原因很简单，那便是邮差都是受苦的人，真是"盗亦有道"。

自己管理自己

　　碛口镇的行政管理很特别，由于经济繁荣，各级政府都相争着要到碛口插手收税。它本来属临县，但不知从什么时候起，也不知因为什么原因，永宁州在临县有几块飞地，在碛口也有一块①，后来叫离石四区。这块飞地不大，康熙五十七年（1718）《临县志》的地图上只注了几个字，民国六年（1917）的《临县志》所附的地图，把这飞地画成月牙儿形，月牙儿的上半截弯弯地切进碛口街。永宁州撤销之后，飞地就归离石县，是离石四区。临县则在碛口设三区，区公所先驻黑龙庙上庙，即关帝庙，离石四区区公所本来驻在黑龙庙下方当铺巷的一家钱庄里，后来搬进了黑龙庙，即下庙。又后来碛口四区的区公所搬走了，临县三区的区公所便搬进了下庙。街上人把临县地面叫"县地"，永宁州地面叫"州地"，但这两块地并不像县志图上那样简明，其实是乱插花的，好像当初是把原籍永宁州的人所开的店铺商号都归为"州地"，而不管它们所在的位置。

　　咸丰三年（1853），离石和临县共同的上级衙门汾州府（即汾阳）派通判驻碛口，分掌粮运、督捕等事。并派千总1名，士兵90名，驻镇治安。因为清代官制，州府设四品的知州（府）、六品的同知和通判三

---

① 晋陕一带从汉代开始即有"跨河而治"和"隔境而治"的情况。隔境而治即成飞地。传说碛口的飞地大约起于金、元时期。

职，通判为"第三把手"，所以镇上人把通判衙门叫作"三府衙门"。这三府衙门就设在碛口东街尽端，西云寺后面的高地上，这地方土名为"高圪台"。光绪三十三年（1907），汾州通判移衙，改设巡检衙门在碛口。民国年间撤巡检，设县佐，并设榷运局。厘税局仍旧。

临县、离石和汾州，三方无事争利，有事推诿，于是镇上流传一则故事：有一家食品店叫天元居，房子正好跨在县、州二地的分界线上，一天，店里出了血案，酒后斗殴，一位外地客商被打死在炕上。炕上属于临县地界。临县的仵作去验尸，不慎把尸体翻到了炕下，边上有人喊，翻进"州地"里了，于仵作便不敢再动，只好撤走，把案子交给了永宁州。故事或许并非实事，但反映出镇上人对这种多头混乱的管理局面很不满意。

州地和县地的税法也不一样，州地厘金局只收印花税，就是营业税，1910年代，大字号年收一二百元，小字号年收三五十元。杀猪要打蓝印，收铃费。船只靠码头要收河槽税。税不重，全镇全年也不过十几二十万元。县地只交人丁税、地亩税（即农业税）和糟房税，都由商会承包。人丁税每人每年三毛钱，地亩税每亩每年八合至一升二合，按小米时价折价缴纳，范围北起丛罗峪，南到孟门。

由于政府部门只对税收有兴趣，不管地面和市场的事，所以，商人们不得不自己组织商会，早期叫商务会。据1994年《临县志》，临县城里的商会是民国四年（1915）成立的，黑龙庙里民国五年的重修碑记上，捐款人里有了碛口商务会，可见碛口商会的成立至迟在民国四五年。由于碛口经济远远比县城发达，许多事业都早于县城，所以碛口的商会很可能也早于县城里的。

但是，一个像碛口这样的繁华镇店，不可能无序地存在和发展，所以，其实是在民国四五年之前，碛口早已经有了一个类似商会的组织。例如，咸丰、同治年间，陕西先后有捻军和回乱，商会就组织过武装的"商团"，几十个人，都十分彪悍，参加了河防。商团就是商会武装力量。

商会的职责一是代表商户利益，一方面要和政府办各种交涉，一方面要调解商户之间的矛盾纠纷；二是主持镇子建设和管理，修路造桥，公共卫生；三是整顿商务，维持行规行风，每年经过考核颁发商户的营业执照；四是举办公益事业，赈灾济困，支持学校教育和公共文化活动，协办过离临两级小学校，商会会长陈敬梓自己担任学校的董事长。县地商会的经费主要来自承包地亩税等，从中提取差额；也从黄河船运的河槽税中提取一部分，还可以根据需要向大商号募捐。商会有正副会长，五六个工作人员，还有十几个团丁。镇中的重要事务都由商会出面，商会的权力很大，几乎相当于镇上的自治政府，所以会长的人选非常重要，不但要有能力而且要有财力，为的是必要时候能够自掏腰包办点公事。因此会长很有威信，临县三区区长和离石四区区长上任都需要来拜会他们。会长先后有刘蕴山（西坡村人，今属柳林县）、陈懋勇和陈晋之兄弟（寨子山人）、李文兴（蛤蟆塌人）、刘开瑞（西头村人）、王善功（西王家沟人），都算得上镇上的首富。

在碛口镇作为水旱码头发展的早期，这里的土地和山坡都属西湾村、高家坪、寨子山等村的财主所有，乾隆年间，建镇的时候，外地本地都有人涌来投资，买下一块地，建造货栈和店铺。为了把镇子建设得合理，避免混乱，一个类似商会的机构便出面协调和管理。凡买地造房子都必须经过它的同意，按照大致的规划来建造。各类商店有明显的分区；考虑到交通和排水等问题，大货号栈房之间要留出公共的巷子，要保持街道的宽度、走向和排水坡度等；它还负责主持一些公共工程，如用石块铺装街道路面，定期清挖和维护排洪沟，砌筑沿黄河的堤岸，并且在堤岸边修建了一对上下坡道。在商会主持下，经过协商，湫水河上造了两道木板桥，一道位置比较靠近河口，由碛口镇和河南坪负责，一道由寨子山和西头村负责，位置在西头村靠上一点。板桥到夏季水肥时拆掉，用船摆渡，秋季水瘦了再搭建起来。

商会在碛口的发展建设中起了很好的作用，不仅大事操办，小事也管得周到。前临县七区区长陈玉凡（1940年临县三区和离石四区合并为临县七区）说，那时商会管得可严了，镇子上很讲究卫生，家家铺子都要干干净净，门前的街道早一遍晚一遍地扫。春夏季怕起浮土，还要在门前街上洒水。谁家破坏了公共卫生，要罚扫街，一直扫到黑龙庙，很丢面子，谁都不敢怠慢马虎。骡马骆驼多，运货多，加上街巷又是泄洪道，雨季山水下来冲进街巷里，会留下淤泥，商会便组织人及时清理，叫"戗街"。1950年代商会解散之后，镇上公益的事没有人管理，泥淤在街上积了几寸厚，每逢雨天，泥泞难行，晴天，牲口一过便卷起阵阵黄土。日子久了，碛口街的路面抬高了很多，东市街边现在就有几家沿街的"地坑房"店铺，路面比店内地面高出百十厘米，买烧饼要弯下腰去付钱拿饼。

以前街两边没有厕所，商号的厕所都造在自己的窑院里。往来的买卖人和脚夫需要方便，骡马店和小巷内隐蔽处都有茅厕可用。那时候粪肥很值钱，造茅厕为了趁过路人多积一些肥。但茅厕主人必须把卫生搞好，勤打扫，勤撒土，商会常有人来检查，搞不好的要挨批评甚至罚款，还要公开张榜。现在街上茅厕乱搭，多少日子也不清理，一下雨就粪便外溢，满街横流。镇上的老人编了一段"伞头秧歌"："碛口街上好风光，稀泥半磕膝，又是拉来又是尿，早上还要把屎盆往里倒。"

碛口镇上经济繁荣，流动人口多而且杂，难免会有毛贼和响马光顾，地方上也有些"黑皮"（地痞流氓）捣乱，甚至闹出命案。为维护治安，保证商人的利益，商会雇了一些更夫，从二更宵禁到五更天明，巡逻全镇并打更。更夫都来自十余里外山上的麻峁村。麻峁村人都练就一身搏击功夫，世代传承，远近闻名，被称为"麻峁家"。街上流传着不少关于他们的传奇式故事。例如有一夜，一个不谙事的远来响马被更夫撞到了，为了避免结仇，更夫抱拳当胸，劝他离开。他居然逼上来跟更夫较劲，更夫躲了他三拳，第四拳过来，更夫伸手把他手腕往上一托，那响马大吃一惊，连声叫"是麻峁家"，赶忙逃走，从此不敢再打碛口的主意。更夫也负责防火，巡夜的时候不断喊叫"小心火烛"。商会还组织一些"麻塌家"在街上、黄河码头街外巡逻,维持市场秩序,制止欺行霸市,调解口舌的和暴力的冲突。特殊时期,商会组织武装的商团,给大商号看家护院,谁家被盗被抢,商团承担责任。①

有信用的大商号在外地的兰州、银川、吴忠、包头、榆林、三边(靖边、安边、定边)等西北地区或天津、太原、晋中和河北等东路地区进行贸易,通常不用现金往来,而是赊票,每到年底结一次账,那时需要运送大量银两。于是碛口镇设立了镖局,以保护一路上人财安全。贩运大烟土的也要雇请保镖。20世纪30年代,碛口的"十义镖局"赫赫有名,它有十位武艺高强的镖师,其中也有麻塌村人,从来没有失过手。平时,商会给他们一些报酬,镖师们和他们的徒弟们参与镇上的治安,压得住黑皮们,让他们不敢在镇里撒野。

碛口街上,市面热闹,整天人来人往,十分拥挤。一到集市日子,买的卖的,挤都挤不动。黄河水路上来的北路货物,和陕北、宁夏来的西路货,大宗的都囤在河边西市街(即后街)的货栈里。这些货物都要起旱往东路运输,骆驼和骡马必须穿过整个镇子到西头去装货,装了货又要穿过整个镇子再向东去。"东货西运",骆驼队也要穿过碛口到高家塌、下咀头几处渡口过黄河。每天一千多头牲口来回穿行,镇子便混乱不堪而且极不卫生。因此商会制定了一条规矩,白天骆驼不得进街,黄昏之后才允许行动。骡马不受限制。这个规矩出台之后,街上秩序好多了,效率大增。而且镇上市面也发生了变化,以前只在白天营业的铺子,有许多在夜间也营业了。铺子门前挂起灯笼,敞开大门,把本来漆黑一团的街道照得亮通通,市面更兴旺多了。

黄河水运繁忙,来船来筏多的时候,靠码头河滩排成几排,有待卸货的,有待卖空船空筏木料的,也有些船只正在改造,由大改小,准备

---

① 民国二十六年(1937),陕西红军派代表改组了碛口商团,成为共产党领导下的六十余人的地方武装。同年十月,碛口商团与碛口抗日游击队合并,一共一百余人,以后编入山西新军(即牺牲救国同盟会领导下的决死队)三十五团。

冒险下大同碛。一二百只船筏挤成一团，空船筏出不去，重载船筏又进不来。于是，商会专门成立了"船排司"，管理船只和筏子的出入。在黄河上游距离碛口西市街北头大约一公里半的地方，过去有一座石质的节孝牌坊。船筏最繁忙的时候，有船排司的人在那里指挥，如果碛口码头边已经停满了还没有卸完货的船，就不让来船继续前进，停在石牌坊处等待。码头边腾出了空位，便向石牌坊那边吹牛角号，管理人才放几条船过去。在这样的调度下，碛口码头河滩才忙而不乱。

在商会主持下，码头上的搬运工人组织成队、组，领号牌依次干活，有规有矩。

碛口镇虽然以水旱转运、仓储批发为主要经济活动，而且转运业已经使它成了一个相当大的地区商贸中心，人流集中，零售业发达，但它的周围还是古老而封闭的农业地区。于是，按照农村传统，便在东市街和中市街上办起了定时的集市，作为地区性物资交流的场合。每逢五逢十为集日，不但有临县境内附近的商贩和农民前来，还有外县的甚至黄河对岸陕西吴堡、葭县（旧称葭芦堡）一带的人来赶集。[1]集市上，有的商品，如布匹绸缎，会搭个摊子卖，一般商品都放在店铺门前的高圪台上卖，下面垫一块布。街面上做买卖，来来往往买进卖出，十分拥挤，所以每逢集日，商会便组织人员上街维持秩序。

市集大大拓宽了商品交流的渠道，活跃了地方经济。

招贤的铁器和缸盆，武家沟的铜制烟具和炊具，兰州的烟丝，三边的皮毛，农妇的手织布（俗称老布）、褡裢，村里来的萝卜白菜，农副土特产品，琳琅满目。民国二十九年（1940）共产党晋西区党委调查，临县境内每个集日平均上市约三千人，营业额十万"西农币"，盈利一万六千"西农币"（西农币为抗日民主政府发行的地方性货币）。

但是，1947年的土地改革，1952年的私营工商业社会主义改造，

---

[1] 反之，碛口及附近村落的人也过河去吴堡的岔上和佳县的螅蜊峪赶集。到螅蜊峪不过三十里，但逆水行舟，运货去集市上出售，要在前一天出发才行。

1958年"大跃进"的"割资本主义尾巴",1966年开始的十年"文化大革命",一次又一次对碛口的经济发展施行了严重的打击,集市贸易被反复取缔了几次,损失巨大。直到1978年9月以后,集市才全部恢复。

比集市贸易规模更大、盛况更红火的是由各镇商会主持的"古会",起初全县有九处集镇举办,现在还有六处。古会的举办方式比较特殊,每次在一个集镇上延续几天,然后转移到别的集镇,如此轮流下去,会期可达到一个月。因此每年也只能举行两次。

最热闹隆重的是七月会,农历七月初一从碛口起会,三天之后相继迁到三交、城关、白文、兔坂、刘家会,一直持续到月底。其次是正月会,正月十三也从碛口起会,而后到三交、招贤、城关、白文。这两个古会都以牛、驴、骡、马等大牲口的交易为主,但其他各类商品也极其丰富。七月会还有大量的瓜果上市,所以也叫"瓜果会"。

六镇古会,以在三交举行的几天为最盛。那是山西牲畜交易的最大市场,内蒙古伊克昭盟、河西的米脂、定边、神木、榆林和关中各地都有牲口赶来,河南、河北、晋东南的牲口贩子纷纷来到,大批购买。古会期间,三交周围十几二十里的村子里都住满了来赶会的人。

十月十三,碛口也有一次牲口交易大会,地点在东市街南边湫水的一大片河滩沙地上,规模和七月份三交镇的那次不相上下。

此外,清代末年到民国初年,临县境内有六百多处庙会,其中也有碛口的好几个。

碛口的商家从早忙到晚,生活紧张而枯燥,没有家眷在身边,三年才能回一次家,平日为了维护商业形象,不能去大烟馆和烟花店,而且镇上有大量外地来的客商,所以,商会要举办各种娱乐活动,调剂商人们的身心。

新年有闹正月、闹元宵,主要节目都是舞龙灯,这本是农村的传统活动,不过在碛口街上,大家都是外来户,这些事也只能由商会来张罗。

碛口镇上最经常的文化娱乐是演戏。主要的戏台在黑龙庙、关帝庙、西云寺、漱水河口对岸河南坪的财神庙兼河神庙，西头村有一座独立的天官会戏台，那块场地就叫作戏楼坪。这些庙，凡庙会期间必定演戏，西云寺是三月初三，财神庙是七月初七。七月初一办古会的时候，就在关帝庙演戏。其实是一年七十二台戏，一台演三天，通常从正月初二到十月初一，几乎天天演戏。戏演得最多的是河南坪财神庙，每个月至少有三天戏。碛口镇是商人的天下，来来往往的莫非商人，所以财神庙香火旺而酬神的戏多，是理所当然的事。财神庙又祀河神，所以也叫河神庙，黄河上的船工、艄公、船主、货主都得敬拜河神，以求保佑水运平安，这庙因此就有演不完的戏。

东头到西头、山上到河边，从正月初二起，处处有戏。十月初一那天闭神门，就是说，演戏本是给神看的，神闭了门，戏就不能演了。这神叫"老郎神"，便是唐玄宗，他在宫中的梨园里调教过戏班子，后世戏剧界奉他为祖师爷，戏剧之神。其实是十月份天气已经很冷，看戏都在露天，人们自己早就冻得受不住了。

山西人喜欢听地方戏"梆子"，说唱加表演。常演的剧目有《陈州放粮》《明公断》《黄鹤楼》《杜十娘》等。乐器以高音胡琴为主，配以管子、三弦、渔鼓、板鼓、小锣、简板、铙钹、小镲和大镲，一起叫"十响"乐器。演唱高亢嘹亮，十分激昂。

戏班子大多是从外地请来，有远从汾阳来的。大商人为祈求远途运输平安顺利，常要在黑龙庙、关帝庙、财神庙许愿，买卖成功之后，便要还愿，通常除香火之外多是演戏。还愿戏有两大类，一类是正式的大戏，连唱几天，大多由大商号为些大事而举办。另一类不过是极短的过场，这一类是货主和船主为求河神保障每次航行的平安而照例许下的。过场戏在正式大戏结束之后才唱，一个演员出台道白："节节高，节节高，节节高上盖金桥，有人来把金桥过，不知金桥牢不牢。"这算一出。另一个演员再出来念："远远望见一青天，一块石板盖得圆，有人从这石板过，不是佛来便是仙。"这又算一出。念第三出的演员有逗乐的，如"远远望见一道沟，沟沟里面尽石头，不是老子跑得快，差点碰了脚指头"。然后唢呐"呜哇哇"一吹，"三出愿戏"就唱完了。有些河路大商家乘船下来，会带一个戏班子，一方面好消磨船上几天的寂寞，一方面为了到黑龙庙还愿唱戏。戏班子乘在有篷的小船里，由大船拖带着，常常会在波涛声中飘扬出或激越或哀婉的乐声，配着整套的锣鼓丝弦。

西头村、西山上、索达干和李家山村都很小，但都有戏班子，专在碛口演出谋生。戏班里的学徒叫作"打娃子"，第一次正式登台都要在黑龙庙。西头村戏班有名角冀美莲、狮子黑，在整个山西省都数一数二。其他还有二七生、沙垣红、二奴奴、连海子、巧英子等都是演艺好手。

声高传远，碛口演戏，锣鼓铙钹，响彻云天，连黄河西岸吴堡县的村子里都能听到，吸引了那里的村民摆渡过来看戏，更加热热闹闹。

看戏不用花钱，因为一部分演出是还愿戏，自有商人出钱，一部分是商会的安排，商会会向商号摊派费用。

商会还在"闹正月""闹元宵"等节日欢庆活动中起一些组织和赞助作用，如舞龙灯、闹"伞头秧歌"等。伞头秧歌是从秧歌发展出来的，秧歌又叫"闹大会子""闹红火"，是新年期间群众性的自娱活动，多从正月初二闹到十五。

秧歌大约源自清代，原来是祭风、雨、山、河、瘟等神的游行仪式。秧歌队从各村赶来，领前的是由人扮演的"打道神"，随后是号招、号灯。号招上写着秧歌队所属的村社名称，号灯上写会名。"会"是举办这个秧歌队的民间组织，如索达干村的"三官会"、西头村的"天官会"等等。紧跟着的是各色执事，有代表金、木、水、火、土的五色幡旗，有日月扇、星位牌和金瓜、斧、钺等武器，再后是乐队，以大唢呐为主。乐队后面跟着一柄黄罗伞盖，伞盖后是一名唱祭歌的歌手。歌手唱祈求诸神保佑风调雨顺、四季平安一类的歌。歌手身后跟着几组演员，演出小小的故事，叫"闹小会子"。小会子有文有武，文的有传统节目，也有应时新编的节目，多是些逗乐取笑、调情说爱的情节，要有喜气。武的大多是戏剧里的折子，也有单纯的武术。大刀、长矛、火头钩、流星锤、三节棍等各村武术世家的绝技一齐上场，十分火爆。一支秧歌队能有二三百人。

现代的"伞头秧歌"没有了祈神的内容，跟在伞盖后面唱祭歌的成了全队的总指挥，叫"伞头"。他唱的歌都是走到什么地方，遇到什么人物，看到什么事情时顺口编出来的。每首歌一概是四句，要句句押韵（地方口音）。伞头的歌不在旋律和音色如何优美，而在歌词的应时适题、幽默风趣，还要编得快。

例如，游行到了后街，伞头（高万清）唱：

> 天下黄河十八弯，宁夏起身到潼关；
> 沿河风景说不完，还数碛口卧虎山。

到了黑龙庙，（陈来大）唱：

> 卧虎灵山地势好，霞光普照瑞气绕；
> 东西看台两面窑，三滴水看台节节高。

走过义成染坊，（成仲诚）唱：

> 义成染师傅把式大，功夫就在那拉板上；
> 杆子一挑分红黄，生意越做越兴旺。

有一首歌唱碛口的繁华：

> 碛口街上闹生意，十八路财神进银钱；
> 斗大的元宝把沟填，看它一眼懒得捡。

长街小巷

　　碛口的形势是两水夹一山。卧虎山从北向南走，由于山体高昂，脉长而起伏奔腾、矫健异常，卧虎山又叫黑龙峁。在它的尽头，山岬上，明朝时候造起了一座黑龙庙，坐东朝西，正对着黄河和湫水的汇合之处，虎踞龙盘，气势壮阔。从黄河，从湫水，远远见到黑龙庙，就知道碛口到了，它是碛口镇的地标。

　　卧虎山脚有一块牛轭形地段，在黑龙庙山岬下方转了个直角急弯。西北一窄条紧邻黄河，东南稍宽的一条傍着湫水。碛口镇就坐落在这牛轭形里，背山而水，前低后高，形势很好。

　　碛口镇那面临黄河的地段南北大约长600米，北部比较窄，从山根到河岸只有五十多米，向南快到牛轭形转弯处，地段放宽到120米左右，这地段近似一个狭长的三角形，北高南低，相差大约有3米。河岸经千万年冲刷，十分陡峭，高于河滩六七米上下。六、七、八三个月雨季，河滩随黄河水的肥瘦而变化宽窄，其余季节河水流量稳定，河滩宽度有十几二十米。上游下来的船和筏子都泊在这段河滩边卸货，先经小船驳运，再搭跳板上滩，由石砌的斜坡到岸堤之上。[①]上面是一条街，街东侧密集着一大批货栈，经营仓储、过载或者坐庄收购带批发。主要的货物是河路上来的口外的粮食、盐、油、药材、皮毛和碱。碛口镇的

---

① 石砌斜坡在1952年砌筑石堤岸时改为台阶。

大型货栈多数在这里，如锦荣店、荣光店、大顺店、永裕店、"四十眼窑院"、天聚永、万全店、万盛成等等。①这条街叫"西市街"，镇上人简称它为"后街"，书面上叫"西繁市"，宽度大约3—4米。街东侧的大货栈都是大四合院，上下两层，有的是前后两进，临街还有店面。更大的如荣光店和四十眼窑院，后部都层层爬上山坡去了。

西市街从北端的"税厅子"和锦荣店南下大约400米，遇到一条横过街面的泄洪沟而止。这条沟的上段叫驴市巷。

碛口镇那面临湫水的地段，东西长400米左右，西高东低，高差大约4米。这块地段比较平坦，从山根到河边宽约120多米，往东渐渐宽阔，最宽处可达200多米，也有一条街顺湫水走。湫水发源于兴县，流短且急，雨后洪水暴涨，很快便退去而可以徒涉，所以不能行船，也就没有码头，没有大型货栈。但这里是东去汾阳、太原和晋中富庶地区的旱路的起点，所以这里多骡马骆驼店，大大小小有十七八家，镇上最大的七家骡马骆驼店并肩排列在街的北侧，如三星店、义和店等。生意红火的时候，一天有一千多头牲口来往，有二三百头要留宿。街的南侧都是些单层的小店面，由于靠在骡马骆驼店近旁，所以一是多钉马掌的铁匠铺，足有十几家，二是多饼子店、馍馍店，给赶牲口的脚夫带干粮，大约也有十几家。街南还有一座耶稣堂，建于1916年前后。这条街叫"东市街"，镇上人简单地叫它"前街"，书面上叫"东繁市"。它又叫"食店巷"，因为有几个饭馆和许多小吃挑子，卖地方小吃，如臊子碗饦荞面灌肠、莜面"旗旗"（qiqi）、枣儿糕。还有粜粮食的小摊贩，专供穷人们一升一合地买当天的口粮。东市街多零售业和服务业，主要供应比较穷困的人，虽然远比西市街热闹，但沿街建筑大多简陋。因为地势低，又曾多次被洪水浸入，所以这里街面房子都造高台基，叫高圪台。每逢碛口集日，市面大部在东市街，圪台是展陈货物的好处所，因此渐渐加宽，成为街上特殊的建筑景观。但留下的街面仍旧有3—5米左

---

① 2000年还可能确认的，计有粮油大商号13家，布匹杂货批发的小商号十几家，还有些经营盐、碱、药材的商号。

右，为的是为给大牲口通行。

东市街的东端是西云寺西侧的义学巷①，寺后面有个高地就叫"高圪台"，每逢庙会和集市，那里搭上许多帐篷，闲人们在帐篷里聚赌。三月三西云寺庙会最热闹，聚赌的帐篷有二三十个，以致那里又叫"三月三圪台"。高地后面有一小块地方叫"定心台"，是暗娼集中地之一。"定心"的意思，就是教长年在外奔波的男子汉们到这里玩玩，可免思家之苦，把心安定下来。西云寺以东过去是200米的农地，农地以东便是西头村。这一段以南有一大片湫水的冲积地，西头村人在上面种菜，因为怕雨季河水冲毁而不敢种粮。

东市街的西端在黑龙庙下小山岬尖子的北侧，拐角巷的口上，这里叫"拐角上"。从拐角巷口到北面的驴市巷口（泄洪沟）是黄河岸南段比较宽的地方，有一段街叫"中市街"，又叫"中繁市"，长约160米，宽只有3米上下，两侧店铺密集，档次高于东市街。

中市街在碛口镇的中央，连接西市街和东市街，自然是极好的商业地段。因此在它西面大约30米处，又建成一条商业街，呈弧形而与中市街平行，一端是驴市巷口，一端是拐角巷口，也和中市街一样。这一条街叫"二道街"，长度约略和中市街相同。后来，在二道街外侧又建了一条只有几十米长的"三道街"。二道街和三道街上也都是店铺，街面很窄，只有三米来宽，在街西店面里可以看清街东店面里的货。中市街东侧山脚下有几家大的皮毛商行和药材商行，如世恒昌皮毛店、永生瑞皮毛店、恒瑞泰药材店。从中市街东有一条"当铺巷"通向黑龙庙，巷子里有钱庄、广泰当局和一个铸元宝、银锭的焚金炉。当铺巷下口有更房，是更夫们的居住场所。中市街的临街商店则主要卖东路来的洋板货，如绸缎、直贡呢、华达呢等纺织品，还有洋油、洋袜、洋染料、洋线、洋皂、面霜、搪瓷器、玻璃器之类，所以这段街俗称"洋板街"。二道街的北段专卖招贤货，主要是招贤产的各种缸、盆、粗碗等窑货和

---

① 义学巷往东是西头村属地，直到"号头起"，即门牌号的起点，都是东市街的延长。这一段有邮政局、电报局，但主要的仍是骡马店、饼子干粮店和打马掌的铁匠炉。

锅、壶、刀、农具等生熟铁器，还有南沟运来的上等烟煤，当地人叫"炭"。陕北的无烟煤不能烧红炉打铁，一定要从碛口买南沟的烟煤才行。二道街的南段，以服务性行业为主，如剃头店、成衣店、小吃铺等，也有几家鞋帽店和食品店。到民国年间有了照相馆和大烟馆。

因为二道街上有几家给外来人投宿的客店，所以和拐角巷一起是又一个暗娼聚集处，大白天，她们坐在街边晾小脚，晚上敲过二更，全镇宵禁，她们便"开业"了。人们把这里叫作"烟花巷"[①]。

三道街很短，初时只有一家澡堂、一家熟皮子作坊和一家毡坊，所以得名"三家街"，后来有了几家小铺面，经营些日用百货，主要的顾客是脚夫和"闹包子的"，档次不高。中街、二道街和三道街都在黄河一侧的南段。

西市街、东市街和中市街统称主街，总长两里多一点，人们习惯地说碛口有五里长街，很夸张，其实即使包括二道街和三道街也不到三里。

和主街直交的，还有13条小巷，都在靠山的一侧，通向街后面的腹地。小巷的主要段落与等高线垂直，西市街所在地段比较狭窄，所以几条小巷很陡地上坡而去，这些小巷因此得名为"山巷"。巷口大多有巷门。有的是木构的，有的是石质拱券而在上面造一个木构小轩。在街上巷口看进去既幽深又有点雄壮，还带点儿神秘。西市街和中市街分界处的驴市巷是牲口交易的集中地，巷内两侧墙上嵌着一长排拴牲口用的石环，叫"拴马扣"[②]。从驴市巷向南，中市街的第二条巷子正在黑龙庙下方，有几家店铺专卖去庙里敬香礼佛需用的香烛、黄表等等，兼卖些色纸、文具，扩大到卖木版刻印的灶王爷、牛王爷、土地爷等等的神像，年底到了，便卖历书、年画、窗花、纸马、春联等等，还卖些美人图之类供店铺装饰之用。因此这巷子就叫"画市巷"。再向南，略向东弯一点点，东市街上山的第一条小巷有个很不雅的名字叫"稀屎巷"。这巷里有大粪行，是买卖粪肥的地方，巷子边沿顺墙根整整齐齐排着一

---

① 1940年被抗日民主政府取缔。

② "文化大革命"时全部被砸断，无一幸免。

溜粪桶，臭气熏天。

街巷之间大多可以曲折地穿通，或者穿过货栈、商号而连通。中市街、二道街、三道街之间，可以穿过一些商店店堂而往来，有一家大商号甚至就得名为"穿心店"。西市街的大栈行之间也是互相走得通的。街道、小巷和商号形成十分方便又十分复杂的交通网。

由于街面上地段的功能分区明确，各类店铺相对集中，进货方便，经营时可以在人力、物力上互相支援。同时也会有比较、有竞争，优胜劣汰，有利于提高业务水平。对客商来说，这样的商业布局也便于在很短的时间里和多家商号洽谈业务，比较货物的品质和价钱，不必东奔西跑被满街的招牌幌子搞得昏头涨脑而找不到散布在各处的货栈、商号和店铺。

碛口街背后紧贴着很陡峭的山坡，每年七八月间多大雨、暴雨，容易有凶猛的山洪冲下来，因此镇子规划建设的头等大事之一就是防洪、泄洪。垂直于等高线的小巷子不但是腹地的交通要道，而且负担着导引山上冲下来的径流水的功能，所以它们不但多达十三条，分布均匀，而且走向和山形相呼应。它们把山洪引到主街，主街成了集洪沟。因此主街分段设坡度，有上有下，把山水分别送进两条排洪沟和一个排洪口。一条排洪沟在西市街北口之外大约二百米处，这里地势北高南低，山上冲下来的水一部分直接流进黄河，还有一部分则会顺地势向南流。为了防止这些洪水流进西市街，就把西市街口外的一条天然冲沟修成排洪沟，把山水拦向黄河。另一条排洪沟在西市街和中市街交界处，这里往南是整个镇子零售业和服务业的中心地带，店铺密集，巷子多，一旦洪水冲来，损失会很大。于是，在这里把顺驴市巷下来的冲沟开挖修整，用石块衬砌，成为四米多宽、三米来深的全镇最大的排洪沟。还有一处排洪口位于东市街的西头，中市街南头，对着拐角巷口。由于中市街和东市街西头之间有两米的高差，一遇山水下来，就可能冲进东市街，因此在这位置上朝漱水一面修了一个四米多宽的豁口，以减轻东市街的水患。但东市街是全镇地势最低的地方，洪水下来仍然不免于被淹，因此街边店铺都把房子台基修得高高的，成了"高圪台"，后来又发展成集市贸易时的商品展陈台。山水冲过之后，东市街会淤下一层泥沙，所以商会要定期组织店家一齐来"戗街"，把这层淤泥铲掉。

全镇的街巷都用石灰石块铺路面，当初唯有东市街没有，据说是因为骆驼店有铁木轮子的牛车往来，太容易碾伤路面，所以干脆不铺。

碛口镇挨着两条河，但居民吃水却很困难。过去全镇没有一口水井，靠湫水的吃湫水的水，靠黄河的吃黄河的水。黄河河床大大低于西市街，担水是很累的活。街上的人有句俗谚："黄河水，教看不教吃。"而且黄河水含沙量大，店铺商号里都得备下好多大缸盛水，轮换着待河水沉淀澄清之后再吃再喝。住在街后面山根的人，下去担水尤其困难，于是在崇和店后面山坡上掏了个岩穴，吃渗出来的泉水。民国年间，开始在东市街打水，那里的骆驼店里牲口多，脚夫多，用水量大。打了井之后方便多了。1949年以后，继续在黄河岸边和湫水河边打井。先后一共打了十六口井，不过，有几口井水质不好，含矿物质太多，封掉了。

碛口街上大一点的商号大门口上都有石板匾额，上面刻着店名，可惜在十年"文化大革命"时期被砸毁了不少，而且仅存的部分中又有一些风化剥蚀得很厉害，不大容易辨认了。

但是，在还可能辨认的石板匾额中，至少还有五块是乾隆年间的。其中西市街有三块，一块是乾隆壬寅（1782）的"永隆店"，卖杂货，在西市街近南头的位置，一块是乾隆己酉（1789）的"永顺店"，在西市街的中部沿街。另一块是乾隆甲寅（1794）的"永裕店"，在西市街北部，不临街。这两家都是粮油货栈，照市街建设的惯例，总是先建临街市房，然后再向外侧发展，则永裕店前临街的店号，可能早于永裕店。另两块在东市街，一块是街中部北侧的"筮泰店"，乾隆己酉（1789），现在开着照相馆，另一块是"祥光店"，乾隆壬子（1792），在街南侧，已经到了西云寺边上，也就是碛口镇的东端，是骆驼店。从这四家店号的位置来看，碛口镇主街的格局早在乾隆朝中叶就已经基本定形了。镇上人传说，西市街南半段上的"四十眼窑院"是陈三锡在康熙年间造的，可是没有证据。

但黄河和漱水经常暴涨，不断冲蚀卧虎山下这块狭窄的台地。到了20世纪三四十年代，两河的水开始侵蚀到了街边。大约是1942年、1945年和1951年漱水先后三次连台地一起冲毁了中市街西面的三道街和二道街的外侧，并且冲毁了东市街西头从拐角巷口到稀屎巷口这一段，大约有170多米长。这正是牛轭形转弯的一段。因为河床下已经露出了基岩（俗称羊肝石），所以现在稳定了下来。由于多次遭洪水浸泡、冲塌，现在东市街的街面房子有许多是新建的，不过大都保持了传统的做法和式样。

除了天灾①，碛口街上的建筑也遭到人为的破坏。1947年土地改革，把工商业户当地主斗，街上有些房子分给了"翻身户"，因为那些贫下中农大多是附近农村的人，并不在镇上生活，所以他们把一部分房子拆掉卖了木料。经过1952年的私营工商业社会主义改造，民生凋敝，镇上已经没有了转运业、仓储业等大商号，到了20世纪50年代末和60年代初，三年大灾荒时期，便有一些居民把原来大商号的二层木构房子拆掉卖了木料，甚至把巷子口上小过街楼上层木构部分也拆掉了。到"文化大革命"时期，巷口过街楼券洞上的匾额被认为是"封资修的四旧"，以致连券门一起统统拆光，只有西市街上相邻的"要冲巷"口和"百川巷"口的巷门，虽然上面的木构建筑也被拆了，却还剩下石质的券门和匾额。谁也说不清它们为什么能逃过那场疯狂而又野蛮的劫难。

---

① 上述的河水冲坍，其实也是人祸，是因为错误地造水堤企图把水逼向河南坪一边，因破坏了河水的天然流势，堤坝基础太浅，堤身质量又差，反而被河水淘空了堤基，以致大面积冲塌街市。

货栈、骆驼店与商铺

　　碛口的兴起由于很纯粹的水旱中转业，住着的人和来往的人都从外地或外村来，只和商贸有关。按照晋商的行规，他们一概不带眷属，没有眷属就没有家，没有家就没有住宅。掌柜的和伙计都住在商号里、店铺里，脚夫住客店、骡马店。扛包子的搬运工人则多是附近山村人，回家住宿。外地来做生意的客商大多住在有关系的商号里，商号一般都有客房为他们准备着。所以，整个碛口镇，主要的只有商贸建筑、仓储建筑和骡马店、骆驼店之类的运输业建筑，还有些手工业作坊和各种商业和服务业店铺。

　　碛口全镇，现在还有四百多座大小院落，都是商行或者店铺。各行各业有不同的特点和要求，它们的建筑采取了不同的类型格局。这其中，以仓储兼营转运批发的粮油货栈最有特色，规模大，质量也高，大多集中在西市街东侧，是最有经济实力的商人们开办的，它们是碛口镇建筑的代表。

　　粮食和油（大麻油、胡麻油）从河套和归化平原走河路运来。粮食用船装，商家一次进货有两三船，多的时候会进十来船。运粮大多用"七板长船"，一船可载四万斤。油也有用船运的，但早年更多的是用筏子运。船运的大多装在柳条篓子里，筏子运的装在"红胴"里。红胴就是羊皮筒。一篓或一筒都在五十斤至七八十斤上下，商号一次进货也要几百件。这样大的进货量需要相当大的库房储存。而且做生意要看行情，并非即进即出，加上河路和旱路各有自己的忙季淡季，并不一致，所以仓储量就更大了。

不论多大，货栈的基本形制还是从住宅发展出来的四合院或三合院。贴在街边的，多在正面开门，位置在后面的，依仗小巷通达，有些就不得不在侧面开门了。少数货栈有前后两进院子。由于碛口街道临河的外侧有洪水冲蚀的危险，倚山面河的内侧比较安全，资本雄厚的大型货栈都在内侧，所以，前后两进的院子，后进的房基往往比前进高出很多，如"四十眼窑院"、天顺店、天聚隆和荣光店。

因为常常要进骆驼骡马等"高脚"牲口，在院子里装卸驮子，院子一般很大，通常正房和厢房都是五间、七间，最大的"四十眼窑院"的正房有九开间。

所有的房屋，底层全部是用砖砌成的"箍窑"，就是砖拱。每孔窑的跨度大致为3米。窑腿，也就是两孔窑之间的砖墙，厚度在50至60厘米左右。这样，一个院子的面积大约23米见方，相当宽敞。不论正房、厢房，窑洞前一般有"明柱厦檐"，就是一排木构柱廊。因为不产木材，黄土高原的窑洞一般不在前面造柱廊，明柱厦檐是碛口和它附近几个村子特有的。这种做法形成的原因是油筏子卸了油之后，木框架便要拆掉卖木料，当地人以低价买了这种木料来做柱廊。由于柱廊的木料是拆了油筏子而得的，大小不一，偏细，所以柱廊开间大小不齐，一般小于窑洞开间，而且并不和窑洞对应。稍微简单一些的只用"没根厦檐"，就是从窑腿上部伸出石头的挑檐枋，用挑檐檩承住一溜一米来宽的木质披檐而没有柱子。挑檐枋头刻成要头形，又在窑洞前檐墙头砌一米左右高的十字花砖墙，压住挑檐枋后尾。窑洞顶上是要上人的，花砖墙也能起个保护作用。

二层大多是木构的房子，硬山顶，花格门窗，透着轻快。二层的进深比底层小，门前留出一条底层窑顶屋面作为过道。少数的大院，二层也是窑，进深还是要小一些。有些大院，后面就靠着山脚了，正房二层就做"接口窑",便是在山体上凿石窑,深度不凿够,前面再接上一段砖拱或石拱。这种做法,底层正房窑顶上就形成一个大平台。西市街北端第二家栈行荣光店,背后紧紧靠着山崖,一层又一层往上凿石崖造接口窑,一共五层,非常壮观。

大商号虽然有钱,但仍然没有摆脱小农的传统,多数都把钱带回老家去造家宅了,老家才是永久的,那里有祖宗的基业和坟墓。碛口镇附近的李家山、西湾、高家坪、寨子山、孙家沟等一批原来很偏僻的小小的山村里,都有很精致的房子,甚至砖雕、木雕一样也不缺。镇子街面上,在他们看来不过是一个经营点,没有他们的"根",只要能满足营业的需要就可以了,因此商行的大院虽然宽敞高大,大都很简单,不加装饰。只有少数几座,如锦荣店、荣光店和世恒昌皮毛店,精工细作,倒座也有两层,上层中央建一座木构楼台,大门前有双柱厦檐,显得既庄严又有点儿华丽。荣光店甚至给三开间的楼台挂上"望河楼"的匾。从望河楼远眺,黄河奔流,一泻万里,对岸悬崖层叠,壁立如屏,而缝隙间又零落散布着一些穷寒的窑洞,那气象又雄浑又苍凉。

多数商行,大门并不气派,一般是一个砖门脸,开"天圆地方"的门洞,上面镶一方石门匾,刻着店号和建造年月。有一些,在砖门脸前立一对柱子,支起半个硬山顶的厦檐。还有一种大门用全木构的门屋,也是硬山顶,门口上方走马板浅刻店号。现在全镇只剩下11块这样的木匾了,5块乾隆年间的店号匾有3块是木匾,其他的还是砖门脸石门匾比较多,大概可以说,木门头早于石门头。木门头风格轻快亲切一点,与住宅比较接近,砖门头风格比较硬而冷。商行门头做法的演化就是逐渐摆脱住宅的样式,这个过程和商行经济力量增大的过程一致。

货栈前院正房的底层通常住东家和掌柜。外地来的客商,大多也住到正房里去。管账先生住在临街倒座的账房里,有两个伙计陪着,其余的伙计和学徒有晚上搭铺住在店堂里的,也有住在院内厢房里的。一旦各层仓库都储存了货物,伙计和学徒就要分头住到各层去看守,防盗也防火，夏季要防雨漏，并且及时处理紧急情况。

二层及二层以上的房子，不论窑洞式的还是木构的，都用作仓库。上楼去，在院内有石楼梯。但在运输货物的时候，可以从侧墙外陡峭的上山小巷直接进二层的旁门。如果巷子在平地上，则巷子里另设长长的坡道直通二层的旁门，如中市街义生成皮毛行北侧的小巷。这种做法都是为了方便大牲口进出二层。

储存粮食必须防潮，仓库的地面先用三合土夯实，上面铺一层砖，再垫上木杠，粮食口袋垛在木杠上，以保持下面通风。油大多是装在羊皮红胴里用筏子运来的，从碛口运到汾阳、太原和晋中去，走旱路要用"高脚"驮，就得改装进油篓里。油篓口子不大，羊皮红胴很软，如果从红胴直接灌进油篓去，效率低而且容易泼洒。因此，在油库中央造了油池，先把红胴装的油倒进油池，再用勺和漏斗把油从油池灌进油篓，操作方便多了。油池的底和侧帮全用大石板砌，为防渗漏，所有缝隙都用三合土充填严实。

碛口镇的运输业建筑主要是骡马店、骆驼店。这类建筑多是前后两进院落，牲口安置在前院，脚夫们住在后院。前院很大，比粮油行的还要大出一两倍。1930年代薛步琛经营的"义和店"，在东市街中段，是一家骆驼店，占地四亩三分三厘，可以露天卧下两百多峰骆驼，这样规模的骆驼店，全镇至少有四五家。义和店西边的"福顺德"骡马店，前进院子左右两侧各有两排牲口棚，最外侧的每排有14间，每间面阔2米，单面安料槽，可以拴两头牲口，内侧的每排有7间，进深比较大，两面都安料槽，每间可以拴四头牲口。内外两排牲口棚之间有一条小过道，两头有门，一头门进牲口，一头门出去，井然有序，互不干扰。这四排牲口棚一共可以拴110多头骡马，院子中央露天里还可以安置两排骆驼。骆驼休息的时候跪着，两排骆驼面对面，中间用椽子随意拦一拦，丢些草料，骆驼就跪着吃草，反刍。吃精料和盐要放在布口袋里，套在嘴上，慢慢地嚼。装货卸货也都跪着。西云寺西侧不远是过去最

原碛口镇油行（李秋香 摄）

大的陈家骡马店，先后叫大星店、天星店和三星店，同时容得下300头牲口，可惜已经被供销社拆掉，新造了大楼房。

后院比前院小一些，正房五间至七间，厢房通常三间，底层都是砖砌的箍窑。福顺德的后院，正房和厢房上都有楼房，都是箍窑，进深小于底层，有前檐廊，前面留出一条屋面走路。后院底层主要给脚夫住，有厨房，脚夫们可以自己起火做饭。楼层可以当作货仓，店主人也会经营些收购、批发生意。货仓在楼上，可以防潮。后院倒座五开间，明间前后敞开，是前后院之间的通道，两边的次间给守夜的伙计住，他们要日夜照料前院的牲口和它们驮来的货物。货物卸下来就放在院子里，店家要负责它们的安全。其余各间窑洞里存放草料和杂物。

民国年间，碛口打了些井，大一点的骡马骆驼店的院子里大多有井，供饮牲口之用。

为方便牲口往来进出，骡马骆驼店都门临主街。以后街面上生意红火了，有些骡马骆驼店把临街一面的房子改成店面，租给别人，收取租金。因此牲口走的门就安置到一边或者甚至于开到旁边的小巷里去了。

零售商店和服务业大多在东市街、中市街、二道街和三道街，多为小本经营。

商店建筑大体有两种，一种是租用货栈或骡马骆驼店前院临街的倒座房。这种房子大多是三间或五间箍窑，开店的拆掉窑洞的后墙，把它们的朝向掉转过来，在街面一侧加建一间通长的店堂。这间店堂是木构的，前有檐柱、上有单坡硬山屋顶，像加宽的明柱厦檐。也有两层的店堂，作小跨度的双坡卷棚硬山屋顶，只覆盖店堂，后檐滴水略高于几间箍窑的平顶。经过这样的改造，市街的宽度就比原来的小多了。自建的店铺也有采用这种箍窑和木构店堂组合式的，叫"店窑"。另一种业主自建的店铺是临街一座纯粹木结构的店面，三开间，卷棚硬山顶。在店面屋之后，造个狭窄的小院子，有正房、有厢房，都是箍窑，除了用作厨房、杂物房和仓库外，有些租给外地来的客商暂住或者开个小客栈。不论有没有内院，店主和伙计大多仍然在店堂里搭铺过夜。

两种店面都很开放，在这北方地区黄土高原的腹地，竟采用南方式的排板门面。晚间歇业一块块装上门板，早上开业再一块块卸下，全面敞开。店堂里的商品充分展示出来，五颜六色，十分醒目。在山西，商铺仿南方排板式店面的不少，这是因为到清代，晋商一方面为收购茶叶供应蒙古甚至新疆各牧业区而到福建、江西、浙江去的很多，一方面大规模进入淮扬的盐业，所以很熟悉南方店面的这种做法。排板式店面，白天营业时，店里的商品得到最充分的展示，利于促销。这种店面也使街道五光十色，富有生气。

为招徕顾客，店面前多挂幌子，有板幌，有布幌，上面写着店名和经营种类，也有些图画加强它们的说明性。更有特色的是实物幌子，例如，鞋帽店挂一只很大的鞋子，药房挂一只葫芦或一串特大的膏药，文具店挂一支又长又大的毛笔，骆驼店挂一把干草。镇上涌动的人群中有很多文盲，这种实物幌子对他们很方便。

由于街巷兼作排洪之用，为避免雨季山洪下来淹了店铺，所以它们的台基都造得比较高，尤其是东市街上，那里的地势最低。这些"高圪台"，同时适应集市贸易的需要，大多向前展宽，集市日把一部分商品从店堂里搬出来在圪台上陈列，方便顾客。也可以提供一部分台面给专门流动赶集的小贩使用。因此街道更狭窄了不少。

钱庄、当铺、银楼、焚金炉之类顾客不多，不需要展陈商品，又要保护钱财安全，所以店堂是不开敞的。大多是个严实的小院子，高墙厚门，完全内向。黑龙庙前山坡上的当铺巷里有一家钱庄，内院檐前挂着一圈水平展开的两米多宽的网，用一根一根细铁条连锁而成。格眼大约15厘米见方。网上零落挂着些铃铛，一旦有不肖之徒跨墙越房进来，无法下到院子里，碰上这张铁网，铃声报警，就很难逃跑。这种装置叫作"天罗地网"。除了钱庄，现在碛口镇上还有"恒瑞泰"等三家商行大院保留着。

有些当铺，只在山墙上开个小窗子，来典当的人根本不进院子，站在小窗子外就办了手续。当铺巷里一家广泰当局至今仍然保存着当年的面貌。

还有一些铺子，经营的商品比较贵重，如首饰店、铜器店，在晚上收市后，临街的铺面上了门板还要在里面密密插上一排竖杠。中市街上，还有两家商店，一家叫"永丰店"，卖铜器的，前后檐通面阔都安装着粗重的木栅，虽然歇业几十年了，至今还完好无损。

多种多样、各有性格的商号店铺建筑，也使碛口镇的历史面貌异常丰富。

世俗化的庙宇

碛口镇上庙宇不多，只有卧虎山上的黑龙庙和关帝庙（一名华佗庙）两座。另外，东市街东端有一座西云寺，属于西头村。西头村东头还有一座观音庙。湫水河口南岸的河南坪村有河神庙（也叫财神庙），本是西湾村的水口庙。现在只剩下黑龙庙还在，其余的几座庙，都在1940—1942年间被拆毁，木料被拿去造手榴弹柄和枪托了。

碛口镇的繁华起源于黄河的航运，但黄河和湫水常有灾害，人们自然想到要祈求龙王保佑了。龙王崇拜在中国极为普遍，凡有水的地方，大至江河湖海，小至泉池井穴，都有龙王。龙王还能兴风致雨。乾隆二十一年（1756）《重修黑龙庙碑记》里说：

> 盖风雨河水其为利恒于斯，其为害亦恒于斯。如无烈风淫雨，水不扬波，若越裳氏之所称，固利莫大矣！设或淫雨霏霏，连月不开，阴风怒号，浊浪排空，若范文正之所记，则害孰甚焉。然则欲有利而无害，讵不于龙王、风伯、河伯三神有嘉赖者？

龙王和风伯、河伯既然对黄河的兴利除害有决定性的关系，所以早在明代，河水漂来木料，碛口人就捞上来造了这座黑龙庙。"正祀龙

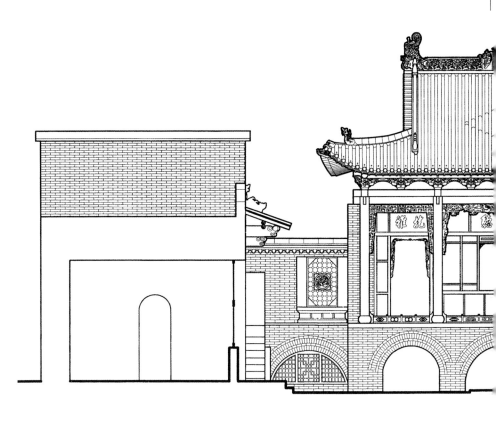

黑龙庙戏台立面

王，分祀风伯、河伯于左右，配以风、雨、水三者，其机相同，其势相重，并奉为兹土保障焉。"

　　最早的黑龙庙，不过"创庙三楹"而已。雍正年间，"增修乐楼一座"，而"他如东西两廊以及斋房门墙诸规制"，则一直"阙如"，没有建造起来，庙还不算完成。但碛口镇是"商旅往来，舟楫上下之要津"，"当风雨骤至，波涛忽惊之顷，则人人怆惶，呼神欲应，夫是演歌舞、供牺牲，祈灵于兹庙者踵几相接"。然而庙既未成且已"荆棘丛生于阶，瓦砾狼藉于庭"，很对不起神灵。于是，乾隆二十一年，重修了庙前的正面，补造了一排砖拱，正中辟为山门，左右拱顶上造了钟楼和鼓楼。这样，也补齐了两厢和东西耳殿。黑龙庙的规制就完整了。据民国五年的《重修黑龙庙碑记》说，到了民国三年（1914），社首、绅商等等又觉得乐楼比正殿高，于体制不合，于是，次年动工重修，把正殿

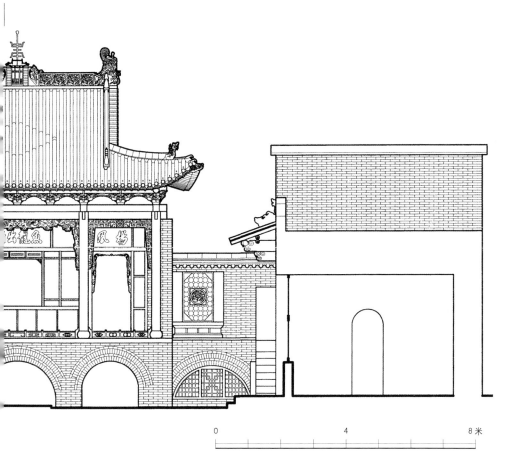

"掀高四尺余，木石之朽者易之，坚者仍之"。并且把一些神像和乐楼重新装彩，焕然一新。此后一直到1990年，才把东耳殿落架大修一次。而且在正殿的左右中棹大梁上各塑了一条飞腾的巨龙，左为青龙，右为白龙。

　　黑龙庙的选址极其成功。卧虎山从东北向西南奔腾，直逼湫水泻入黄河的口子，正合"脉遇水而止"，"脉尽处为真穴"的风水教条。正巧在尽端，又向西伸出一个狭而短的小小山岬，三面陡峭，形局险峻，黑龙庙就伏在这山岬尖上，雄伟的山门和乐台像卧虎高昂的额头，造就了勇猛跃起的动势，而这动势正扑向两条万古奔流的河，一条"老河"，是中华民族的母亲河，一条"小河"，是临县的母亲河，小河在黑龙庙的额下投进了老河的怀抱，两条河滋润着碛口，给它以生命。那小山岬和庙，确定了碛口镇的形态。牛轭形的碛口镇，一半在老河边，一半在

李家山窑洞住宅

小河边，在黑龙庙前转了个急弯，急弯之处正是它最繁华的段落。镇子好像伸出双臂紧紧拥抱住小山岬和庙，依恋它们的爱抚。镇子和庙，和山，和水，就这样浑然一体。从附近的河上，山上，从任何一个可以见到碛口镇的位置上，无论仰看还是俯看，都能领略到这样一幅由自然和人工造成的充满了感情的图画。

到黑龙庙去有三条路，一是从中市街的画市巷走之字形曲折的山路由庙的东侧来到山门前，一是从西市街的要冲巷上山，在大商行背后顺山腰大致水平地由庙的西侧来到山门前。两条路上都可以俯视一半的镇上街市房舍，物阜民熙，一片繁华景象。而最主要的一条路则是由庙的前方经当铺巷艰难地攀登几层巉岩来到山门。到了山门前，回首遥望，两条河浩浩荡荡，湫水对岸是高耸达三百米的秃鹭山峭壁，黄河对岸则是层层叠叠的悬崖，大同碛闪着银光，激出来的哗哗涛声隐隐可以听见。河声岳色，壮丽无比。

黑龙庙外廓不计小跨院，大约宽28.4米，长38.0米。小跨院里只有厕所和马厩。正殿是木结构的，三开间，硬山顶，有前檐廊。东西耳殿也是木结构的，三开间，硬山顶，也有前檐廊，进深小于正殿很多。据道光二十七年的《卧虎山黑龙庙碑》，正殿中央是龙神像，"左风伯，右河伯，再左喜贵财神，再右金龙、仓官、白龙神，凡此皆辅佐龙神"。现在正殿只余龙神，右耳殿为财神，左耳殿为华佗。华佗像是上庙于1940年被拆后搬过来的。两厢底层都是砖窑，分前后两段，前段两孔半砖窑，进深很小，后段三孔砖窑，进深几乎大一倍，前面有没根厦檐。倒座正中底层是三孔砖窑，作为庙的三座门道，窑上建乐楼，三开间的木构建筑，歇山顶。前台面宽约9米，深约4.4米。从"守旧"太师壁后的后台出侧门，可以走到左右的钟鼓楼去。钟鼓楼是方形的，四柱，用十字脊歇山顶，很精巧华丽。乐楼演戏时，两厢和院里是看戏的场所。

设计得独具匠心的是庙的正面。因为黑龙庙位于小山岬的山脊尽头，乐楼已经探出在山脊之外，楼下的门道有8米长，从外往里走是很陡的上坡路，以致庙宇正面的墙足足有8米高。极富创造性的匠师贴着这座高墙造了一座三开间的两层门脸，歇山顶，有腰檐，像半爿楼阁，高大壮观得很。这门脸加上钟楼、鼓楼的呼应和衬托，使黑龙庙的正面大大丰富多变，有层次而且活泼。它无疑是建筑艺术的杰作。

黑龙庙是碛口镇最壮丽的建筑，门脸、乐楼、正殿、耳殿和钟、鼓楼都有斗栱，门脸下檐用的是三踩单下昂，上檐用一斗二升加麻叶云，正殿用的也是三踩单下昂，斗口比较大。戏台和耳殿也用一斗二升加麻叶云。庙的建筑规格相当高。

乐台的音响很好，演戏的时候，不但山下镇上都能听见，夜深人静时，弦鼓歌吟远渡黄河，连对岸陕西吴堡县的几个乡村也能清晰地听到演员的唱词，以致有《竹枝词》道：

"卧虎笙歌天外声，山西唱戏陕西听，静夜一出联姻戏，百代千秋亦温馨。"

"联姻戏"大概是演春秋时期秦国和晋国两国君主几代互通婚姻的历史。两千几百年之后，在秦晋大峡谷两岸共听这些戏文，人们心里产生的感情确实会十分温馨。

黑龙庙大门廊里有两副很著名的楹联，都是清代道光年间写的。一副是"物阜民熙小都会；河声岳色大文章"，由崔炳文撰并书，时间是道光癸卯（1843）；一副是"山河砺带人文聚；风雨祥甘物气和"，由王继贤撰写于道光乙巳（1845）。崔炳文是永宁州（今离石）人，举人，曾任国子监学正、同考官、广西新宁州知州等官职，生平嗜学，精书法，著述尤多。王继贤，湖南人，曾任永宁州知州，勤于政务，以振兴文教为念，后诰授奉直大夫，书法名重京师，有"一字值千金"之誉。(均见光绪七年《永宁州志》)王继贤还为黑龙庙乐楼太师壁写了一块匾，题"鱼龙出听"四个字。

值得注意的是庙宇正门的楹联写的全是"物阜民熙、河声岳色"和"人文聚、物气和"，竟没有一字涉及神灵崇拜。这是中国文化现实性和世俗性的绝妙例证。

黑龙庙又叫"下庙"，因为它背后，紧靠着它，有一座"上庙"，便是关帝庙，也叫华佗庙。这"上庙"的历史不很清楚，只有一段传说：清代咸丰年间，汾州驻碛口的三府衙门老爷(通判)的太太病得不轻，师爷买了三只羊，请太太坐了"架窝子"①一同到离碛口三里路的西咀岔村华佗庙求神治病。进得庙去，把羊拉到华佗像前，按习俗给每只羊从头到尾泼了一盆冷水，有两只羊打了个激灵，这表示华佗答应了请求。但有一只羊纹丝不动，太太怕了，赶紧向华佗额外许愿：如果病好了，在碛口给华佗造一座庙。后来病好了，三府衙门的通判老爷就利用职权，筹资造了这座上庙。每年从七月初一起唱三天大戏，敬供华佗老爷。不过，它的正殿中央供的却是关帝像，所以也有人叫它关帝庙。关羽是山西人，在山西省因乡谊而特别受到尊崇；关羽重信义，晋商买卖遍全国，不得不讲信义，又进一步尊崇关帝；关羽在许昌被曹操羁留，辞别时，"将累次所受金银，一一封置库中"，账目清楚，这是商人最敬重的品德。所以，晋商又奉关帝为财神。当地传说，关公是"副玉皇活财神"。关帝与华佗，一个掌管发财，一个掌管健康，碛口人分不清哪一位更重要，只好两位都供着，有求之时"带着问题"找主管的那一位烧香磕头。毕竟生病是偶然的事，所以请关帝坐了正位。上庙被拆之后，下庙正殿的右耳殿供了财神，左耳殿供了华佗。仍然是希望既发财又健康。那华佗像是从上庙搬过来的。

---

① 架窝子就是前后用骡子抬的轿子。

上庙和下庙形制完全一样，轴线完全重合，外宽尺寸完全相同，只通进深比下庙长七米左右（不计下庙门脸楼）。两庙之间留宽四米上下的一条小巷子，巷子两端各有一座砖门。

1940年5月，临县成立了抗日民主政府之后，成了陕甘宁边区的后方，陕甘宁边区矿务局与某部队供给部来拆掉了上庙，拿木料去造手榴弹柄和枪托。剩下厢房的砖窑和石料被街上居民陆续拆走私用，到1972年也拆光了。1942年，在陕西葭县胖牛沟的一二〇师兵工厂又派来一连兵要拆下庙，西头村村长兼碛口商会会长刘开瑞牵头，会同地方士绅，和"九社一镇"齐心力保下庙，甚至从街上和附近村里的民居拆来更多数量的木材给兵工厂。师后勤部长无奈，既然已经超额得到了木料，"破除迷信"之说便不值一提，只好答应保存了庄严雄伟的下庙。

"社"是民间的组织，有地方性的，如一村可为一社；有行业性的，如粮油业、绸布业均可立社；也有按活动项目的，如演戏、办庙会、闹龙灯、办伞头秧歌会等。下庙的"九社一镇"，是九个村子和碛口镇，它们平日管理黑龙庙，为供养住持、修庙、给神像重塑金身等出钱。上庙则由秦晋社出钱并管理，秦晋社是为祈保佑河上船筏安全而组成的，又叫"船筏社"，由碛口一侧黄河边上的一些村子和对岸陕西吴堡、葭县一些村子的养船户组织起来的，每年七月初一祭河神。上庙也有戏台，"山西唱戏陕西听"，所听的"联姻戏"里也有上庙演出的。两岸的村民，在黄河船筏运输上长期合作，在文化生活上同样也合作得很好。

从1940年以后，八路军的供给部兵工厂和后勤部等单位在临县、柳林、离石等地拆了大量的庙宇。其中有些是很有价值的文物古迹，例如临县的正觉寺。据民国六年《临县志·古迹》："正觉寺，县治西九十里小塌则（子）村，金泰和三年（1203）建，或云汉时建。古柏参差，亦胜境也。"光绪七年《永宁州志·诗》刊道光间人崔炳文的"游灵泉寺作二首"有句：

峭菁危峰蹲虎迹，崎岖仄径走羊肠。

一声清磬开前路，数点寒灯认上方。

又如柳林县孟门镇的南山寺，据光绪七年《永宁州志·寺观》："南山寺在州治西南一百二十里，唐贞观中敕建，有泉，飞瀑山椒，旱祷辄应。金大定中敕赐灵泉寺额。……"《永宁州志·记》，崔相《嘉庆丁卯三月游南山寺即景口占》三首之一：

淼淼黄河势，层楼望转迷。乾坤浮日夜，秦晋隔东西，筏转移山脚，波飞撼寺堤。斜阳看渐下，野渡白云低。

枣圪塔村的元代义居寺则拆去了两厢。

属于碛口镇小范围里的庙宇，被拆的有侯台镇的香炉寺，寨子坪的娘娘庙和山神庙，河南坪的河神庙（财神庙），还有西头村的观音庙和西云寺。

西云寺其实就在碛口东市街的东端街北，坐北面南。庙的大门是砖牌楼式的，三个券洞，上有三段瓦檐，中央高，左右低。正殿为木结构，三间，歇山顶。两厢为箍窑各五间，平顶，可以上人。正殿后又有一个大院子，后楼三间，两层，底层为箍窑，上建木结构，硬山顶。左右厢也是木结构，瓦顶起脊。庙门前街上左右对称有两座双券洞的过街楼，偏南的券洞上立钟楼和鼓楼，都是十字脊歇山顶。

两座过街楼之间，街南有一道墙，墙里有个大院子，院子南边是座戏台，坐南朝北，轴线和北面的庙一致。看戏的人就站在院子里，不受街上过人过牲口的干扰。

西云寺正殿供奉关公老爷，一侧立周仓，一侧立关平。两侧山墙前还有些兵士的塑像，手持着长矛大刀。后殿楼下叫三清殿，所供的三座神，中央是元始天尊，左侧是灵宝天尊，右侧是道德天尊。道德天尊就是太上老君老子。东耳殿供十殿阎王，叫"十和殿"，里面布置成十八层地狱，牛头马面和凶卒们在施毒刑，十分可怖。西耳殿供真武大帝。楼上叫玉皇楼，可以从东西的楼梯上去。也是三开间，中央供玉皇大帝，左右各有一个女神道，不知是什么娘娘之类的神，两侧的山墙前列着二十八宿。

西云寺东侧还造过一座观音庙，只有三孔窑，是另一位三府老爷因妻子得病向观音菩萨许下重愿而造的，有过一位住持和尚。

西云寺每年唱四次大戏，一季一次，一次三天。三月三还有一次大庙会。说是三天戏，其实要唱半个月。因为一唱戏，四乡八村的穷人都来搭棚子卖零食，庙后面的小高地上还有二十几个棚子赌钱，所以不能唱三天戏就都拆掉，总得让这些搭棚子的多赚些钱。碛口周围有十几座庙，十几个庙会，西头、寨子坪、西湾等村子的穷人们，就靠赶这十几个庙会养活一家子。

河南坪的河神庙唱戏最多，每月唱三天例戏，外加六月初七的财神会和三四月间的圈神会，都唱戏。圈神就是"高脚"牲口的守护神。河南坪除了这座庙之外，直到20世纪50年代，还只有四户人家，两家姓陈，一家姓崔，一家姓任，都是"营窟而居"，住在几孔接口窑里。但这座庙不小，而且很能代表民间信仰的实用主义性质。它供奉河神，这是保佑碛口的黄河水运的，它又供奉"圈神"，保佑旱路上运输。此外还供奉"仓官爷"，是保佑货栈仓储业的。还有一些杂神也都和碛口的各行各业有关，例如"梅葛仙翁"，是染坊的神。所有这些行业的活动，熙熙而来，攘攘而往，莫非为利，所以这座庙的主神是喜、贵、福三路财神，当地人既叫它河神庙，也叫它财神庙。这座庙把碛口作为水旱转运码头的特点表现得非常明确。

但临县毕竟在吕梁山的腹地，碛口四周都是高山，它所在之处曾有一个小地名叫"狼嚎口"，所以它周边小村多有"山神庙"，山神就是狼。最近的一座山神庙在寨子坪，离碛口不过六七里远。村民传说，清代道光年间，某日，西湾村财主陈辉章拉了一头牲口从碛口回家，中途遇到一只狼挡道。辉章吓得魂不附体，乞求狼饶他一死。狼把他带到西湾村湫水东岸，寨子坪山脚下，就地打了几个滚便疾奔而去。辉章道：原来它没有地方住。便出钱造了这座山神庙。遇到狼的那天是三月二十八，以后这座庙便在这一天举办庙会。

碛口由于特殊的地理条件成为一方的商贸中心，但它孤独地被包围在广阔的农业地带之中。在农业文明时代，农业的保护神是"三官大帝"，就是掌赐福的天官、掌消灾的地官和掌解厄的水官。所以除了碛口镇之外，村村都有三官庙。天官赐福的重要内容之一是促进作为农业劳动力的人口的繁衍，而这关系到农民最切身的利害，所以三官庙大多举办"天官会"，村民常把三官庙叫作天官庙。碛口镇上都是商家和苦力，没有三官庙，但西头村有农业，虽没有庙却在每年正月十五上元日，即是天官生日，举办"天官会"，要演戏，戏台就搭在离西云寺不远的路南，观音庙边，那块地方就叫"戏台坪"。其实在平日也常常演戏，并非一年只演一次。

和求子女相关的活动，还有碛口镇北面五华里处，黄河岸边索达干村的"灯油会"，每年二月初二举办，由"纠首"（即公推的头目）和"急公好义者"出资，在全村到处挂上油灯，附近各村的人都哄着去"偷"，叫"偷儿女"，偷到了便能生育——当然人人都能偷到，皆大欢喜嘛！

后记

古镇碛口的调研工作，做得可有年头了。

1997年11月下旬，我们刚刚完成介休张壁村的田野调查，吕梁地区旅游总公司的侯克捷先生就用他那辆好像随时都可能解体的吉普车把我们接到了碛口。这时候，我们已经做了不少乡土建筑的调查研究，从鱼米之乡到戈壁高原都见识过了，一到碛口，看到黄河边上的镇子和附近几个山村，我们还是被大大震动了。震动我们的，第一是黄土高原特有的深沟大壑秃峁断梁，荒寒枯瘠又庄严雄浑；第二是碛口镇三百年的兴衰历史，那么独特又丰富多彩，那是一曲商人和苦力的奋斗史；第三，在深沟里，在陡坡上，在悬崖顶，在黄河边，一座座窑洞村落，那么自然地惊险，自然地变化，自然地和天地山川生为一体。稍一细看，塥头上装饰着精致的砖雕，门窗上的细棂也疏密有致，连碾子上的石磙和牲口的料槽还刻着花呐！

侯克捷先生和临县王成军副县长的满腔热情也使我们感动，他们深深懂得这些文化遗产的价值，迫切地希望把它们保护起来。接我们去，为的就是要我们和他们一切努力做好这件有意义的工作。我们立即跟他们挽了同心结，决定把碛口和它周边的几个村落作为调研的对象。

碛口的研究价值很高，工作的规模必须稍大一点才能体现出它的价值，我们不愿也不敢草草成书。而且，干起来也有些外在的困难，临县是个国家级贫困县，而我们这个研究小组也只有在别的课题上攒下点余钱来才买得起车票，于是，工作就做做停停，三天打鱼，两天晒网。不过，我们始终挂念着碛口，不断向电视台、报刊、学者、摄影家等中外朋友们介绍碛口。我们还曾经正式推荐碛口和它周边的村落作为国家级文物保护单位，可惜太过匆忙，资料不足，手续不全，没有成功。一天天拖下去，我们肚子里的疙瘩越长越大。

1999年，我们把香港中文大学的何培斌教授拉到了碛口，他一看大为激动，没过几天，带着录像师又来了两次。在他的支持下，我们在2000年写成了一本初步的研究报告。这以后我们又在台湾汉声文化基金会的支持下继续做碛口的工作，带着学生，陆续测绘了几个村落的建筑，并且做了更深入的调查，就这样算下来，到2003年，已经先后去了七八次之多。有一次是盛夏去的，天热得邪乎，风都烫人，李秋香和杜非在索达干往北的路边上抄两块碑，第二天浑身上下没有遮挡的部分都脱了一层皮。那天晚上在西云寺斜对面的高圪台上吃饸饹停电了，点上蜡烛，我仿佛幻听到东市街上管账先生们的算盘声噼里啪啦地响了起来。老侯大概没有在幻觉中闻到饭店小伙计给管账先生们送去的夜宵的香气，而是闻到了我们四个人身上几天积攒下来的汗臭。临时决定，不在乡政府的文件柜上过夜了，立即赶回县城去。好罢，我口袋里已经有了一整本关于陈晋之的访问材料，有点儿不适当的满意，就钻进了那辆叫人不大放心的吉普车。今年年初，我拿出那个笔记本来看，三年前的馊气依然扑鼻。

就这样，到了2003年11月，忽然临县县委孙善文副书记来了电话，说是有了一笔经费，可以用来保护和开发碛口，要我们去帮着做点儿什么。这当然是个好消息，触发了压在我心底多年的愿望，我说："行，这就去。"恰好那时候台湾汉声杂志社的黄永松先生在北京，我对他又劝又激再加上诱惑，他动了心，改了飞机票，决定跟我做伴。上午从北京出发，天黑之后到了太原，第二天，孙副书记载上我们，过离石拉上侯克捷先生，直奔碛口而去。先到招贤镇，刚刚扎进瓷窑沟，还来不及细看，见多识广、平日里最沉得住气的黄永松立马掏出了手机，放大嗓门，东打一个电话，西打一个电话，打了几个之后，对我说："都跳起来了，那几位都跳起来了。"还没有走出瓷窑沟，秋天里邀些境外专家在碛口开个小型讨论会的计划就大体形成了。我说，可不要开那种说几句话就走人的会，来了就得干点儿什么。黄永松说，那当然！

看过了碛口、李家山和西湾，跟孙副书记交换了些关于保护和开发的设想，确定了我们在第一阶段的工作，这里面就包括完成全面介绍碛口和它周边村落的书。这本书，一来可以深化对碛口的认识，把保护和开发的工作做得更准确、更完善，二来可以提高碛口的知名度，引起更多的人的关怀，促进保护和开发。黄永松则负责落实那个开会的计划。

不料，台湾的几位朋友看了黄永松带回去的照片之后，竟等不到秋天开会，立刻要求到碛口过正月十五。于是，我们一齐又去了一趟。刚到离石，王成军副县长候了个正着，给我们吃了顿山西省著名的莜面和荞面，看了看街上热火朝天的龙灯，当天下午就开始进村参观。

汉声杂志的总编辑吴美云女士和台湾大学的城市与乡村研究所夏铸九教授，走到哪里就喊到哪里，哇！哇！哇！最沉稳的是三联书店的前老总董秀玉女士，不喊，张着嘴笑，老也闭不拢。

吴美云以她的职业习惯，不断问我一些关于写书的问题。我回答，这座房子我们测绘过了，或者，这件事我们调查过了。说着说着，我发觉我们的准备工作确实已经做了不少，是到了动手完成这本书的时候了。夏教授则热心地对孙副书记表示，他们可以为保护和开发碛口做些实实在在的工作，他们在古迹保护和区域规划方面有丰富的经验。

台湾朋友走了之后，我独身留下来又和临县前工会主席王洪廷先生到樊家沟、南沟、索达干、高家塌几处去看了一趟，访问了一位行船的老艄。王洪廷先生近五年来一直从事《碛口志》的准备工作，积累了不少资料。他是碛口人，1997年我们第一次到碛口就访问过他。还有一位碛口人、县党校老师薛容茂先生也一直和我们联系着，对我们2000年调研初稿的写作很有帮助。

三月、四月、五月，我们又有人分头到碛口去。工作是调查碛口周边的几个村子，摄影，带同学去补充一些测绘。

王洪廷先生不断地给我们寄些访问记录来，还有他拍摄的照片，薛容茂先生也寄来几份资料。孙副书记则组织了县里的几位"秀才"分头调查了些我们希望得到的资料。可惜我们写的书不能篇幅太大，没有能容纳这许多好材料。

七年来，我们这个乡土建筑研究组的全体成员都先后参加了这个课题。我照应总体的工作，负责调查和写作；李秋香负责调查访问、摄影，主持历年的测绘并写作；罗德胤负责三个周边村子的调查、测绘和写作；楼庆西参与摄影。我们的"编外"朋友杜非博士参加了一些工作。

参加了田野工作的学生几年来前后几批一共36人。其中有一部分用这个题材写了毕业论文。因为人数众多，我们不一一列出他们的名字了。

做乡土建筑研究，最高兴的是和学生们下乡进村，一起生活，交流发现和体验，共同享受发现和体验的快乐。绝大部分学生都朝气蓬勃，吃苦耐劳，有责任心。更教我们欢喜的是他们有些人能够和村里人交上朋友，回来之后还书信不断。我们的研究成果中有很重要的一部分是测绘图，这些都是他们辛辛苦苦测量绘制的。我们对测绘图的质量要求很严格，必须真实，必须准确，还要尽可能地美观。所以工作过程反反复复，来来回回，他们都能理解、接受。最后的毕业论文大多数也写得认真，不但实地调查相当细致，还阅读了不少参考书。

这次碛口的工作，有一部分学生是利用国庆假期来做的，他们觉得这是一件很有价值的工作，所以宁愿放弃休息，来一厘米一厘米地测量、绘图，做这一份极细致又极枯燥熬人的事。我们特别感谢他们。

碛口的工作也有很大的困难。由于题材的特殊性，我们认为需要多做一些社会调查，例如货栈和过载店的经营、大商人的发迹史等等，但是，我们几乎什么都没有得到。事情过去不过几十年，知道详情的人却已经找不到了。有一些事情和人物，在镇子上倒是留下一些传闻，但各人所传的又大不一样，而且无从取证，真假难分，善恶难辨，我们只好不写了。连一些十分简单的事，例如油筷子的结构和驾驶都弄不确切。王洪廷先生说，这恐怕要到包头去调查才成。我们做不到，写了个大概就过去了。本来还想写一点民俗，但民俗的变化很快，"伞头秧歌"唱的都是眼前的话，连龙灯也很现代化了，而我们要写的主要是碛口辉煌的当年。于是，也是过一句就算了。

拍照片也一样，眼前是一幅衰落破败的景色，中间夹一些现代化的零碎，很难教人回想起当年的繁华。

这些困难给我们的研究报告留下许多遗憾，但是，比遗憾更重要的是使我们更痛切地感到危机，再过几年，连我们当前写下的这些事情也不会有人知道了。我们国家好像还没有提倡、支持和组织过系统调查记录几百年来普通老百姓的生活史。这样我们的子孙后代，将永远无法知道，或者只零七八碎地知道千千万万普通老百姓是怎样生活着并且创造过多么光辉的文化成就的了。

闲话少说，我们接着干罢，像精卫填海那样。

甲申年上元节，我（76岁）、王洪廷（65岁）和董秀玉（62岁）在黑龙庙戏台上挽着臂膀唱了几首五十几年前年轻人的歌。我在照片旁边写了几句：

> 如果你已经把青春忘记，
> 请和我们一起回忆；
> 乱石碛上也应开放花朵，
> 我们的生命化成了春泥。

陈志华

2004 年 4 月